"中国海洋"丛书

和谐海洋

中国的海洋政策与海洋管理

王芳 付玉 李军 赵骞 编著

U0333894

五洲传播出版社

图书在版编目（ＣＩＰ）数据

和谐海洋：中国的海洋政策与海洋管理 / 王芳等编著 . -- 北京：五洲传播出版社，2014.9(中国海洋丛书 / 张海文，高之国，贾宇主编)

ISBN 978-7-5085-2840-3

Ⅰ . ① 和… Ⅱ . ① 王… Ⅲ . ① 海洋开发 — 政策 — 研究 — 中国 ② 海洋 — 管理 — 研究 — 中国
Ⅳ . ① P7

中国版本图书馆 CIP 数据核字 (2014) 第 248424 号

- -

"中国海洋"丛书

策　　　划：付　平
出 版 人：荆孝敏
主　　编：张海文　高之国　贾　宇

和谐海洋——中国的海洋政策与海洋管理

编　　著：王　芳　付　玉　李　军　赵　骞
特 约 编 辑：何北剑
责 任 编 辑：黄金敏　吴娅民
图 片 提 供：国家海洋局海洋发展战略研究所 中国新闻图片网
　　　　　　东方 IC FOTOE CFP
装 帧 设 计：丰饶文化传播有限责任公司
出 版 发 行：五洲传播出版社
社　　　址：北京市海淀区北三环中路 31 号生产力大楼 B 座 7 层
电　　　话：0086-10-82007837（发行部）
邮　　　编：100088
网　　　址：http://www.cicc.org.cn http://www.thatsbooks.com
印　　　刷：北京市艺辉印刷有限公司
开　　　本：710mm×1000mm 1/16
字　　　数：100 千字
图　　　数：120 幅
印　　　张：14.75
印　　　数：1—5000
版　　　次：2014 年 11 月第 1 版第 1 次印刷
定　　　价：46.00 元

前　言

21世纪是海洋世纪。

随着社会的发展，人类陆地生存空间逐步缩小，海洋越来越被人们所重视。科技的进步使人类对海洋有了更全面的认识，海洋对人类社会的作用和价值逐步向多元化方向发展，战略地位更加重要。海洋事务是国际事务的重要领域，更是国家的重大战略领域。

近30年来，中国的综合国力不断发展壮大，已经成为全球体系中最重要的大国之一。作为一个陆海兼备的发展中国家，向海洋求生存、谋发展是21世纪中国可持续发展的现实需求。作为高度外向型经济国家，海洋对中国外贸原材料、能源供给等方面具有非常重大的意义。此外，海洋可以为中国经济社会可持续发展提供更大的发展空间。当然，随着中国经济的高速发展，世界对中国也产生了多种猜忌，岛礁主权、海域划界和资源争端等矛盾有尖锐化的倾向。解答和应对以上种种现实，中国必须重视海洋，成为事实上的海洋强国，并为世界的海洋和平和发展做出实质性的贡献。

本书分为中国海洋发展面临的国际形势、中国海洋政策的回顾与展望、中国的21世纪海洋策略、中国海洋管理的特色、中国的海洋执法以及中国海洋事业的地位与使命等六个部分，介绍中国为建设和谐海洋所做的努力和贡献。

本书是国家海洋局海洋发展战略研究所海洋政策与海洋管理研究室集体写作的。

建设和谐海洋是人类共同的责任。谨向为本书成稿提供帮助的各位同事和朋友表示深深的谢意，向关注中国海洋事业发展的各界人士表示崇高的敬意和诚挚的感谢！

本书编写组

2014 年 6 月 10 日

目录

海洋上空的 BDS 扫描
——中国海洋发展面临的国际形势

中国是世界上有着巨大陆地领土的国家，同时，中国也是一个拥有广阔海洋国土的国家。当然，中国还是几个世纪以来，在短时期内经济社会发展速度最快、并且呈现出赶超世界强国势头的发展中国家。

海洋作为人类生存发展的物质基础和战略空间，已经成为各国大规模开发和激烈争夺的重要领域，其重要意义和战略地位日益突出。海洋事务已经成为沿海国家政治、外交、经济、军事、安全事务的重要组成部分。国际海洋事务和中国周边海洋形势正在发生着复杂而深刻的变化。

对世界如此，对中国也是如此。

站高望远。

北斗卫星导航系统，简称BDS，是中国自主研发、独立运行的全球卫星导航系统，可以和美国的GPS、俄罗斯的格洛纳斯、欧盟的伽利略系统兼容共用。2011年12月27日起开始提供连续导航定位与授时服务的北斗卫星导航系统BDS，被世界称为全球四大卫星导航系统之一。

以卫星的高度和精度扫描本国海洋发展面临的国际形势，无疑是中国当下的能力和优势。

海上强国风采

21世纪，人类社会进入开发海洋资源和利用海洋战略空间的新阶段。为应对新的法律制度和海洋新秩序所带来的机遇与挑战，美国、英国和日本等海洋强国纷纷制定或调整海洋战略，在新一轮国际海洋竞争中抢占先机。

海权论号角下的海洋"NO.1"

美国的发展和强大与海洋息息相关。美国走向海洋的最初目的，是将海洋当作保护其国土安全的"护城河"。当美国经济实力超过

美国海军舰只"光芒角号"(MV Cape Ray)。

老牌海洋大国以后，海权论为美国走上称霸海洋的道路奠定了理论基础，并很快形成了统治海洋的国家战略。经过两次世界大战和冷战后，美国成为世界第一海洋强国。[1]

"二战"结束后，美国的海洋发展思路由海权战略逐渐向海洋战略转变，侧重点也从海洋军事、海上安全向海洋资源开发、生态环境保护、海洋科学研究等方面倾斜。随着以《联合国海洋法公约》为代表的现代国际海洋法律秩序的确立，以及"和平与发展"成为世界主旋律，美国逐渐把保障通航自由和海上航运安全、保障海洋经济和能源与资源供给、提供海洋环境保护能力、应对海上突发事件、防止海洋生态灾害、海上非传统安全等作为国家安全和战略的重要领域。

美国历来把海洋开发战略作为国家的长期发展战略，美国海洋强国战略思想源于马汉的"海权论"，为争夺海洋控制权，各届政府都明确将海洋战略纳入国家整体战略之中，并使其在国家战略决策中处于优先地位。上世纪 60 年代以来，美国政府发表了一系列"海洋宣言"，同时也制定了一系列"海洋战略"。21 世纪以来，美国更新了海洋战略，2004 年制定了《21 世纪海洋蓝图》。同年，又通过《海洋行动计划》，对落实《21 世纪海洋蓝图》提出了具体的措施，并对美国政府未来几年的海洋发展战略作出了全面部署。2007 年，美国发布《美国海洋政策报告》，制定了新的国家海洋战略。同年公布的《21 世纪海上力量合作战略》被视为美国自 20 世纪 80 年代以来提出的相对完整的海上力量发展战略。该战略着重强调了海上力量应如何赢得未来战争，是美国海军根据冷战后形势对马汉"制海权"理论的创新和发展。

2009 年 6 月 12 日，奥巴马总统通过白宫新闻办公室宣布了关于制订美国首个国家海洋政策及其实施战略的备忘录。在备忘录发

---

1. 杨金森：《海洋强国兴衰史略》，海洋出版社 2007 年版，第 217 页。

2014 年 6 月，美国夏威夷火奴鲁鲁，中国海军综合补给舰参加"环太平洋–2014"多国联合军事演习。

布后，成立了部际间海洋政策特别工作组并确定了任务：提高国家的管理能力，以维护海洋、海岸与大湖区的健康和提高其对环境变化造成的影响的适应能力和可持续发展能力，为当代和子孙后代创造更多的福祉。2010 年 7 月 19 日，奥巴马颁布了 13547 号行政命令《国家海洋政策》。根据《国家海洋政策》，成立了由环境质量委员会、科技政策局、海洋与大气管理局等 27 个联邦机构组成的美国国家海洋委员会。经过两年多工作，2013 年 4 月，美国白宫国家海洋委员会正式公布了《国家海洋政策执行计划》。该《执行计划》有三个亮点：一是强调科技支撑作用；二是关注北极海洋环境；三是重视国际合作交流。

日不落帝国的科技策略

英国是一个岛国，是近四个世纪以来的海上世界巨人，在四百多年的历程中，英国的海洋战略经历了发展海外贸易战略、确立海洋称霸的战略、维持海上霸主地位战略以及海洋霸主帝国的衰落几个阶段。

19世纪后半期，在两次世界大战和其他海洋强国的迅速崛起及综合国力下降等外部、内部因素的共同影响下，英国的海上霸主地位逐渐衰落。

进入21世纪以来，英国有关政府部门、科技界、海洋保护组织和广大公众开始呼吁制订综合性海洋政策。由于国民经济和社会发展的需要，英国将海洋发展战略的重点逐步转向海洋科技和海洋经济领域，并以法律的形式制定综合海洋政策。2009年11月的《英国海洋法》，是英国海洋政策制度化、法律化的具体体现。

海洋产业对英国经济和社会发展意义重大。2011年9月发布的《英国海洋产业增长战略》是英国第一个海洋产业增长战略报告，

2012年9月，英国罗奇福德轮船将土壤运往Wallasea岛。

明确提出了未来重点发展的四大海洋产业：海洋休闲产业、装备产业、商贸产业和海洋可再生能源产业。报告提出了英国海洋产业增长的三大战略原则：一是必须能够帮助英国海洋产业有效地应对全球市场机会；二是必须能够使海洋产业相关公司扩大其市场份额；三是必须能够帮助英国经济发展的平稳增长和再平衡。

亚洲和世界的快船

日本是一个典型的海洋国家。长条形的日本国土形态，像是停在海里的一条船。

日本海洋意识的发展经历了海洋屏障意识、海国论、耀武于海外思想和海洋利益线理论等几个阶段。从近代看，日本的经济社会发展让这条船成了一条快船。

日本的经济和社会发展高度依赖海洋，开发利用海洋的意识强烈，已经形成了全面开发利用海洋的各种政策。2007年4月20日，日本国会通过《海洋基本法》和《海上建筑物安全水域设定法》。

2012年2月28日，野田内阁通过《海上保安厅法》《领海等外国船舶航行法》的修改法案，提交国会审议。这是日本政府针对与邻国之间的领土和海洋争端，加强实际控制的法律举措。2013年4月，日本政府通过了作为日本今后五年海洋政策方针的海洋基本计划，并将根据这一计划推进海洋资源开发并加强日本周边海域的警戒监视体制。

近年来日本主要从四个方面推进海洋战略：一是关于海洋资源尤其是海底资源及其开采技术的调查研发；二是为圈占专属经济区及大陆架，对基点海岛进行调查和测量；三是增强"圈海"实力和加强体制建设，调整军力布局，增加海上自卫队及海上保安厅的飞机、舰艇等硬件配置；四是开展多方面的国际海洋合作。

日本深海钻探船 Chikyu。这艘钻探船是由日本海洋与地球科技研究社运营的，能够钻探海底 7000 米深的区域。

正跻身海洋第五大强国的邻居

韩国作为半岛国家三面环海，陆地面积及自然资源匮乏，高度重视海洋的开发和利用，将海洋视为其民族"未来生活海、生产海、生命海"。[1] 韩国的海洋政策在 20 世纪 60 年代之前较为单一，主要集中在传统的沿海渔业及防御方面。上世纪 90 年代以后，韩国制定了宏大的"西海岸开发计划"（1989 年）以及《海洋开发计划》（1996—2005 年）等，致力于海洋资源开发、生态环境保护、海岸带管理、海洋科学研究和高技术开发的一体化。[2]

---

1. 陈应珍：《韩国建设世界海洋强国的战略和措施》，《海洋信息》2002 年第 3 期，第 25 页。
2. 殷克东等：《世界主要海洋强国的发展战略与演变》，《经济师》2009 年第 4 期，第 9 页。

韩国巨济岛的大宇造船

1999 年 7 月，韩国政府确定树立海洋开发计划的基本方针，2000 年 5 月公布了"海洋韩国 21"（Ocean Korea 21）。这是韩国海洋水产部成立以来真正意义上的正式的中长期发展战略，也可以说是"21 世纪海洋水产蓝图"的继承与发展。"海洋韩国 21"设定了关于海洋的开发与保全的长期的、综合的方向，即应对 21 世纪海洋时代，开发可行性的政策课题及其每个课题的实现方法并揭示了长期的蓝图。2006 年，时任韩国海洋水产部长官金成珍表示，韩国有望在 2016 年成为全球海洋第五大强国。[1]

2010 年 12 月，韩国出台了第二个中长期海洋发展规划，即《海洋与水产发展基本计划（2011—2020 年）》，延续了第一个计划目标即到 2020 年将韩国建设成世界第五大海洋强国的目标。第二个计划提出了加强保护及管理海洋环境的可持续发展、发展海洋新兴产业及升级传统海洋产业、积极应对海洋新秩序、努力扩大海洋领域的三大目标。

---

1. 《韩国计划十年后跻身全球五大海洋强国》，2006 年 9 月 13 日，人民网。

法国的"海洋日"

每年的 6 月 5 日至 9 日是法国的"海洋日"。海洋为法国带来巨大的财富和众多的就业机会。2010 年,法国在海洋方面的贸易额为 17 亿欧元(约合 135 亿人民币)。

早在 1960 年,法国总统戴高乐就提出"法兰西向海洋进军"的口号。1967 年,法国成立了国家海洋开发中心。进入 20 世纪 80 年代,法国的海洋管理有了很大发展,首先在政府部门中增设了"海洋部",后更名为"海洋国务秘书处",这是法国政府统一管理、协调海洋工作的职能部门,它可直接向总理报告工作,可以参加政府内阁会议,负责制定并实施法国海洋政策;负责法国本土管辖海域和海外领地管辖海域;管理法国海岸带及海区公共财产,保护海洋环境,推进海洋开发领域的国际合作,保障海上作业人员安全等。海洋国务秘书处的建立,使法国的海洋实现了集中统一管理。

法国莫尔莱,工作人员正在从海洋蠕虫中提取血液替代品。

印度提出"迈入世界海洋开发事业前沿"

20 世纪 80 年代开始,印度提出了所谓的"东方海洋战略",把海军列为建设的重点,并开始全面推行"印度洋控制战略"。90 年代后至今开始了第四阶段,印度公开宣称"从阿拉伯海的北面到南中国海都是印度的利益范围",开始在印度洋推行扩张战略,力求使其海上力量进一步向其他海域辐射。

几十年来,印度不断加强海洋工作,1982 年签署了《联合国海洋法公约》,同年颁布了印度海洋政策纲要。由于印度政府对海洋工作的高度重视以及它在政策、法规、机制、科研、资源利用、环境保护和相关的基础设施建设等方面采取的一系列措施,印度的海洋事业得到了飞速发展。随着海洋在全球经济、社会、军事乃至政治上的作用日益增强,印度将会给海洋事业以更大的投入,为其实现"迈入世界海洋开发事业前沿"的理想推波助澜。

印度孟买,海军造船厂。

"新圈地运动"

目前，200 海里以外大陆架扩展被海洋国家视为以合法手段在地球表面大幅"圈地"的最后机会，为此，各国纷纷向联合国大陆架界限委员会提交划界案，申请成功的国家将有望扩大其管辖海域的面积。

截至 2013 年 12 月 31 日，全世界已提交了 70 个 200 海里以外大陆架划界案，还提交了 46 个划界初步信息。近年来有关国家企图在南极和北极海域扩展外大陆架，直接诱发极地权益争议升温。发达国家打着海洋环保、海上安全的旗号，不断提出"公海自然保护区""安全区""监控区""强制领航区"等名目繁多的倡议，企图将公海分割为由其掌控的"势力范围"。在实践中，设立公海保护区的步伐并未停止。保护北大西洋海洋环境的奥斯陆—巴黎公约（OSPAR）在设立保护区的行动上走在前列。2012 年 OSPAR 在北大西洋北部海域新设立了面积约为 18 万平方千米的 Charlie-Gibbs 北部公海保护区。该保护区的保护对象是保护区范围内的水体，暂不包括海床和底土。

"区域"是各国大陆架外部界限以外的海床和洋底及其底土，蕴含着丰富的资源。多金属结核是人类早期在"区域"内发现的主要资源。随着人类在"区域"活动的增加，人们在"区域"发现了多种新资源，包括多金属硫化物和富钴结壳以及天然气水合物等多种陆地上很稀少的矿物资源。科学家还在深海底发现了丰富的生物

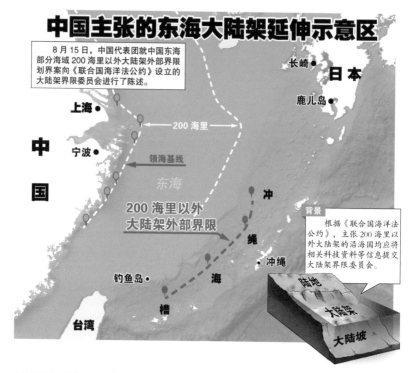

2013 年 8 月 15 日，中国代表团就中国东海部分海域 200 海里以外大陆架外部界限划界案向《联合国海洋法公约》设立的大陆架界限委员会进行了陈述。

资源，包括生物物种和生物群落。这些生物提供了宝贵的深海生物基因资源，具有重要的价值。因此，国际海底资源开发的竞争日趋激烈，发达国家在天然气水合物、富钴结壳、多金属硫化物和深海基因等新的战略资源勘探方面抢占先机。

2006 年以来，联合国大会养护和可持续利用国家管辖区域以外海洋生物多样性（BBNJ）特设工作组已经召开了六次会议，会议讨论的重点问题包括 BBNJ 的惠益分享、面临的挑战、划区管理工具、国际合作、环境影响评估、能力建设和海洋技术转让等。目前，有关各方在深海基因的法律地位、遗传资源开发技术转让以及划区管理工具等问题上，仍然存在重大分歧。现代的"蓝色圈地"

2012 年 12 月，中国"大洋一号"科考船完成了第 26 航次大洋科考任务后返回青岛母港。图为新发现的海底岩石。

活动大多以法律和技术为包装，掩盖争夺权益之实，增加了全球海洋斗争的复杂性和隐蔽性。

联合国及相关国际组织敦促世界各沿海国家把开发利用海洋列为国家发展战略，呼吁各国加强海洋综合管理，建立和完善海洋管理体制，确保海洋的可持续利用。一些主要海洋大国纷纷调整本国的海洋发展战略和政策。

"全球鹰"和世界第五个自造航母的国家

日本新闻网 2013 年 8 月 18 日报道称，日本自卫队部署 RQ-4A "全球鹰"无人侦察机的计划将提前两年实施。

日本防卫省在向内阁提交的预算报告中，已经将购买"全球鹰"无人侦察机的预算计入其中。"全球鹰"的飞行高度达 1.6 万米，最长续航时间 36 小时，能够对周边的飞机进行监视并收集电波信号。目前美军在关岛部署有"全球鹰"无人侦察机，并计划 2014 年在日本青森县的三泽基地部署该侦察机。

2013 年 8 月 12 日，印度第一艘国产航空母舰"维克兰特"号举行下水仪式，标志着印度成为美国、俄罗斯、法国和英国之后，世界上第五个自主建造航母的国家，受到全球关注。据《国际先驱导报》报道，菲律宾和美国将开始正式谈判，力争年内达成一项协

日本三泽空军基地，一架"全球鹰"无人机停在机库外，这是美国空军首次在日本部署两架"全球鹰"无人机。

定，扩大在菲律宾的轮驻美军规模。但据称，菲方不会寻求与美国重新签订有关军事基地的双边协定。

各国海洋战略

欧盟于 2001 年制定了《欧洲海洋战略》，以确保海洋资源的综合管理。

2002 年，加拿大制定了《加拿大海洋战略》。其海洋管理工作要点可以概括为：坚持一个方法，即在海洋综合管理中坚持生态系方法；重视两种知识，即现代科学知识和传统生态知识；坚持三项原则，即综合管理原则，可持续发展原则和预防为主原则；实现三个目标，即了解和保护海洋环境，促进经济的可持续发展和确保加拿大在海洋事务中的国际领先地位；加强四种协调，即政府各部门之间的协调，各级政府间的协调，政府与产业界的协调，以及政府、产业界和广大公众间的协调。

越南 2007 年发布了《2020 年的海洋战略》，2012 年 5 月又通过了《越南海洋法》。这些海洋战略和政策强调对海洋的可持续利用和基于生态系统的海洋管理，着眼于加强对海洋的实际控制力，努力维护本国现实和潜在的海洋权益，以期在海洋的争夺战中占有先机，争取主动。

英国 2009 年 11 月颁布的《英国海洋法》，是英国海洋政策制度化、法律化的具体体现。

在美国《21 世纪海洋蓝图》和《海洋行动计划》基础上，2010 年奥巴马颁布了 13547 号行政命令《国家海洋政策》，2013 年 4 月，美国白宫国家海洋委员会正式公布了《国家海洋政策执行计划》。

美国科学家和环境学家专门建立了珊瑚水下培育地，将濒危物种鹿角珊瑚进行人工水下培育，并将这些人工珊瑚移植到珊瑚礁上。

海洋能源技术的领先者：英国

英国是世界上波浪和潮流技术的领先者。早在 2000 年，英国政府就将海洋可再生能源作为电力生产的主要来源。英国在《海洋（波浪、潮汐流）可再生能源技术路线图》中，将海洋能源的开发过程分为 6 个阶段，并提出到 2020 年英国海洋可再生能源的装机容量可以达到 1000—2000 兆瓦。而英国的《海洋能源行动计划》不仅设定了英国海洋能源领域到 2030 年的远景目标，还概括了私人和公共两个方面所需要的行动，以推进海洋能技术的开发和推广利用。

目前英国在海洋可再生能源上采取的多项举措，推动了英国可再生能源产业的发展，使其成为海洋可再生能源产业最发达的国家，而英国未来则将可能掌握全球海浪及潮汐能发电市场 1/4 的份额。

英国利斯，即将进行测试的 Vagr Atferd 潮汐发电机。

海洋与世界经济总量

20世纪90年代以来,全球海洋经济平均每年以超过10%的速度增长。在传统的海洋石油与天然气、海洋渔业、海上交通运输和滨海旅游等支柱产业不断发展的同时,新兴的海洋生物技术、海洋信息技术、海洋服务和海洋新能源等海洋高新技术产业发展迅猛。海洋经济的长期快速发展,极大地促进了世界经济的繁荣与可持续增长。世界经济总量的61%与海洋密切相关,90%的贸易通过海洋运输,5.4亿人依靠渔业捕捞生活,沿海42亿人摄取的动物蛋白有15%来自海洋渔业。

为了大规模、全面地开发海洋资源和空间,世界各海洋国家普遍重视开发海洋的高新技术,把发展海洋高新技术作为海洋开发的重中之重,以高新技术产业引领海洋经济快速发展。例如,海洋可

山东省烟台市,中国首座自主设计建造的、具有完整知识产权的深水半潜式起重生活平台"开拓勇士号"。

再生能发电、深海装备制造业、深海生物基因资源利用和海洋监测检测仪器设备制造等领域，可能会随着技术的成熟而形成一系列新产业、新产品、新企业。海洋高新技术产业将引领世界海洋经济继续前行。目前，美国等海洋强国在世界海洋开发技术方面走在前列，海洋工程、海洋生物、海水淡化和海洋能发电等高新技术居世界领先水平。进入 21 世纪，美国全面实施"海洋安全战略"和"海洋科技战略"，海洋科技发展目标是保持世界第一的地位。

全球举手：海洋保护

海洋开发活动在为人类带来巨大的能源和财富的同时，也必然对海洋生态环境造成很大影响。海洋生态环境保护是世界各国和国际社会高度关注的海洋事务，是在国际双边和多边场合的重点议题。对海洋生态环境保护的关注集中在三方面：第一是陆源污染物防治；第二是珊瑚礁、红树林、海草床、海岸湿地等重要的近岸海洋生态系统保护；第三是国家管辖范围以外生物多样性的保护。

针对海洋环境方面存在的问题，国际社会及世界主要海洋国家纷纷依据海洋生态平衡的要求，制订和完善相关的国际公约和国内法规，运用科学的方法和手段调整海洋开发和海洋生态环境之间的关系，注重对海洋生物多样性的保护，以达到海洋资源可持续利用的目的。联合国及其所属涉海机构所主持的会议、主持通过的公约、决议等文书成为当今海洋环境保护的基本准则，其中包括《联合国海洋法公约》《生物多样性公约》《21 世纪议程》等综合性的文书，以及《保护海洋环境免受陆地活动影响全球行动计划》《73/78 国际防止船舶造成污染公约》《负责任渔业行动守则》《国际珊瑚礁倡议》等专门针对具体领域的文书。

陆源污染物防治和近岸典型生态系统保护是各沿海国主权和管辖权范围以内事务，主要依靠沿海国自身实施。联合国环境署倡导

墨西哥女人岛，轮渡上的吊车将 10 座人形雕塑沉入海底，希望这个作品能够成为海洋生物的人造礁。

了区域海洋项目，鼓励邻近国家共同管理和保护所共享的海洋环境。此项目已经成为最重要的区域海洋管理实践。

海盗吸血鬼还魂

当今世界，海洋已经成为各国联系的纽带，90% 的贸易通过海上运输，海上通道安全成为影响世界经济和贸易的重要因素。

然而，随着不久前索马里海盗的兴风作浪，海洋安全这个古老问题重又凸显出来，这让整个世界都意识到了海上安全的形势不容乐观。

对海盗行为的描写，最早出现在古希腊盲诗人荷马的《伊利亚特》和《奥德赛》中。海盗指那些经海上非法攻击船只（海上）以及沿海城市（港口）的人。海盗行为的历史可以追溯到 3000 年前。历史学家们断定，自从船被发明的那一天开始，海盗就出现了！

在中国，公元前 200 多年前的晋代，海盗就已经十分猖獗，晋

2008 年 12 月 2 日，联合国安理会一致通过第 1846 号决议，决定延长各国打击索马里海盗的授权，同时呼吁联合国为打击海盗发挥协调作用。

朝高官石崇就是个大海盗，他靠抢劫成为巨富。

在世界上有相当多的典籍记载海盗的行迹。1691 年至 1723 年这段时间，被称之为海盗们的"黄金时代"，成千上万的海盗活动在商业航线上，这个时代的结束以臭名昭著的海盗头子巴沙洛缪·罗伯茨的死为标志。

然而，数百年的时间过去了，海盗这一具有千年传统的行业吸血鬼，如今又通过成功的作案得到新鲜血液，大规模地借尸还魂了。

根据国际海事局海盗报告中心发布的 2013 年上半年全球海盗活动情况报告，2013 年 1 至 6 月，全球范围内共发生 138 起海盗袭击事件、7 起海盗劫持事件，127 名人员被劫持为人质。截至 6 月 30 日，海盗仍扣押着 4 艘商船的 57 名船员。[1] 这其中亚丁湾仍然是海盗和海上恐怖主义的高发地区。据国际海事局统计，截至 2013 年 8 月底，亚丁湾海域发生海盗袭击事件 11 起，2 艘船只被

1. 《2013 年上半年全球海盗活动情况报告》

2013 年 11 月 30 日，中国海军第十六批护航编队从山东青岛某军港启航，奔赴亚丁湾、索马里海域执行护航任务。

劫持，远低于 2009 年的 214 起、2010 年的 263 起、2011 年的 256 起和 2012 年的 59 起。

为了维护世界和地区海洋和平安宁，中国海军共派出 16 批舰船奔赴索马里海域，自 2008 年 12 月派出首批护航编队至 2013 年 11 月 30 日，连续、不间断、常态化地执行护航任务已五年，为 5000 余艘中外船舶实施了安全护航，成功解救、接护和救助了 50 余艘中外船舶，同时继续保持着被护船舶和船员两个百分之百安全的纪录，并与世界各国海军密切合作，有效遏制了海盗的抢劫活动，使亚丁湾、索马里海域的安全形势明显好转。从未来发展看，如何构建有效的海上安全体系，开展海上安全合作，打击海盗和海上恐怖主义，已经成为世界各国共同关注的热点。

走过海上丝绸之路

——中国海洋政策的回顾与展望

丝绸之路是世界认知中国的标志性具象性概念。它是分别形成于陆路和海上的两条商业贸易路线。

陆路丝绸之路最早起源于公元前200年左右的中国汉代，在公元73年左右的东汉时期再次兴盛。它们分别以中国西部古城西安市和中部古城洛阳为起点，跨越陇山山脉，穿过河西走廊，通过玉门关和阳关，抵达新疆，沿绿洲和帕米尔高原通过中亚、西亚和北非，最终抵达非洲和欧洲。海上丝绸之路则以中国东南沿海为起点，经东南亚、南亚、非洲，最后到达欧洲。

丝绸之路的最初作用是运输中国古代出产的丝绸。但是，它也是中国、印度、希腊三种主要文化的交汇的桥梁，是东方与西方之间经济、政治、文化进行交流的主要道路。因此，当德国地理学家李希霍芬最早在19世纪70年代将之命名为"丝绸之路"后，就被广泛接受。

海上丝绸之路，是陆上丝绸之路的延伸，是一条经过海路到达西方的路线。起点位于中国泉州市等东南沿海城市的海上丝绸之路，它不仅仅运输丝绸，也运输瓷器、糖、五金等货物，进口香料、药材、宝石等货物，其中陶瓷为主要出口物品，所以又被称为陶瓷之路。

海上丝绸之路早在公元200多年前中国的秦汉时代就已经出现，到唐宋时期最为鼎盛。海上丝绸之路的开辟，使中国当时的对外贸易兴盛一时。意大利人马可·波罗就是由陆上"丝绸之路"来到中国，又由这条路返回本国的，他的游记里记载了沿途南洋和印度洋海上的许多"香料之岛"。

由于时代的变迁，海上丝绸之路自1842年鸦片战争开始后就走到了尽头，留给后人的是遗憾和谜团。

泉州海外交通史博物馆内的壁画，反映了古代泉州海港的繁忙景象。

　　研究学者普遍认为，公元 1400 年左右，中国明朝时郑和七下西洋使中国和世界各国的"海上丝绸之路"得到了更为彻底的贯通，也是证明历史上存在海上丝绸之路的重要依据之一。

　　温故知新，历史是未来的镜子。透过丝绸之路的兴衰与国家兴衰间复杂但密切的关系，不但促使当下中国深入思考，也促使现今中国奋发行动。

太阳与月亮，权利与义务

海洋政策是一个国家在一定时期内海洋发展的基本纲领，它会随着国家发展战略和政策方针不断调整和完善。国家制定海洋政策的出发点和依据是国家的海洋利益。从这个角度说，利益是太阳，政策是围绕太阳转的月亮。

不同国家在不同历史发展阶段，海洋利益不同。当然，利益并不只是狭隘的个人或者是国家利益，它还是地球上所有国家甚至是所有个体的人的共同利益。而联合国是这一利益原则的提出者，世界各国是这种利益的维护者、保护者和享受者。

从利益与政策中发展出了权利与义务。

自远古时代至15世纪，人类对于海洋的利用活动主要局限于"渔盐之利，舟楫之便"。15世纪后期以来，世界大航海时代到来，欧洲开辟了新航线，发现了新大陆，进行了环球航行。第一次世界大战以来，人类对海洋的利用进一步深化，加强了对海洋活动规则的制定和执行，比如主权国家有效控制海洋的政策。

1982年诞生的《联合国海洋法公约》则首次为合理管理海洋资源及为子孙后代保护海洋资源提供了一个通用的法律框架。《公约》建立了专属经济区和大陆架制度，为沿海国家扩大自己的管辖海域提供了依据。世界各沿海国都在此基础上进一步建立和完善国家的海洋政策。海洋政策的范围已由近海扩展到大洋，由一国扩展

2012 年 6 月，"走向深海——海洋能源中国策"新闻中国论坛在北京举行，出席论坛的专家学者就中国海洋发展及海洋能源发展的战略、规划及政策等问题展开讨论。

到全球合作；内容由各种开发利用活动扩展到关注保护海洋的生态系统；管理方式和手段在强调利用法律手段的同时，培训和宣传教育等方式受到更多重视。[1]

进入 21 世纪以来，世界沿海国家为谋求政治、经济、军事上的有利态势和战略利益，竞相积极调整各自的海洋战略和政策。近年来，为了适应不断发展的海洋形势，美国、英国、日本和欧盟等海洋大国和地区性组织纷纷调整或制定新的海洋综合政策。虽然这些政策形式各异，内容不同，实施方式上各有侧重，但根本的目的均为提高海洋对环境变化的适应能力，最大限度地可持续利用海洋，为国家的发展拓展更大的海洋空间。从世界各国综合海洋政策的发展历史和最新动态可以看出，各国均以海洋保护和海洋的可持续利用为综合海洋政策的最终目标。在政策的制定过程中，各国均重视公众的参与和利益相关者的意见和建议。为使综合海洋政策的目标得以实现，许多国家建立了高层次的海洋管理和协调机构并制定了具体的措施以保证综合政策的实施。

1. 王曙光：《论中国海洋管理》，海洋出版社 2004 年版，第 101 页。

数百年前的中国帆影

中国曾经有过海洋强盛时期。唐、宋时期中国支持海洋贸易，唐代设市舶司，负责管理对外贸易活动；宋代通过广州港和东南亚、南亚、中东各国保持密切海上贸易联系，海洋成为中国与周边各国联系、交往的纽带。在公元960年之后的宋、元、明时期，中国的航海技术、造船水平领先于世界，成为当时东亚地区的海洋强国。宋代造船技术达到新的高度，所造之船可载数百人。

耗时三年复原的郑和舰队在昆明亮相，208艘不同类型、不同大小、不同用途的船模，重现当年郑和舰队的恢弘气势。

《郑和航海图》（局部）

中国 2500 多年前春秋战国时期的齐国，规定了山和海都是国家的资产。齐国重视海洋资源的开发利用，大兴渔盐之利，由官府管理海洋开发活动，国家因此而富。到了东汉时期，南海官府不仅鼓励人民开发珍珠，还注意保护珍珠资源。唐宋时代，国家重视海洋盐业和海洋运输业，造船技术和航海技术迅速发展，远洋航线和海外贸易兴旺发达。

从 1405 年至 1433 年，中国明朝的二十八年时间里，郑和率领庞大的船队七次下西洋，开辟了中国古代航程最远的远洋航路，是中国人更大的远洋探寻活动。中国舟帆遍及广大亚非海岸，是中国人探索海洋的继续，也是世界航海史上的创举。

然而，到了公元 1400 年后的明、清时代，中国实行了"海禁"和"迁界"政策，使得曾一度辉煌的海洋航运业、海盐业以及海洋渔业受到了极为严重的损害。新中国成立以后，自 1949 年以来，由于不同时期的国际环境和国内形势的风云变幻以及国家对外关系的调整，海洋观念和海洋政策处在不断的发展变化之中。

纵观中国历史进程，中华民族曾经因亲近海洋而强盛辉煌，因走向海洋而闻名于世界，也曾因为闭关锁国、实施海禁政策拒绝海洋而屡次遭受西方列强从海上侵略导致国家衰落。

五星红旗飘扬海上

从建国之初的 1949 年，到改革开放前的 20 世纪 70 年代末，中国的海洋观念和政策主要体现在重视海防方面。为了保障国家的安全和政权的稳定，早在新中国成立前，中国共产党就已经深刻认识到建设海军的重要性，已经将海上战场的筹划提到议事日程。

中国共产党在执政中华人民共和国前夕的 1949 年 1 月 8 日，发表了《目前形势和党在 1949 年的任务》的决议，决议明确提出要"争取组成一支能够使用的空军，及一支保卫沿海沿江的海军"。

建国之初，新中国把海洋看作是国防的重要屏障，建设强大海军和海上钢铁长城，抵御侵略、保卫大陆安全是当时的主要战略任务。1953 年 12 月 4 日，在中共中央政治局扩大会议上，毛泽东对海军建设的总方针、总任务作了完整和系统的阐述，他说"为了准备力量，反对帝国主义从海上来的侵略，我们必须在一个较长时期内，根据工业发展的情况和财政的情况，有计划地逐步地建设一支强大的海军"。这一指示规定了海军的近期任务和长期任务，指明了建设强大海军的大体步骤和基本条件。

为了表明中国维护国家主权和领土完整的严正立场，1958 年 9 月 4 日，中国政府发表了《关于领海的声明》，初步建立了中国的领海制度。《声明》宣布："中华人民共和国的领海宽度为 12 海里，这项规定适用于中华人民共和国的一切领土，包括中国大陆及其沿海岛屿，和同大陆及其沿海岛屿隔有公海的台湾及其周围各岛、澎湖列岛、东沙群岛、西沙群岛、中沙群岛、南沙群岛以及其他属于中国的岛屿"，"台湾及其周围各岛"也是中华人民共和国的领土，强调了中国的岛屿拥有 12 海里宽度的领海、采用直线基线法确定测算领海宽度的基线。中国宣布 12 海里的领海宽度及其适用范围，具有深远的历史意义。

这一时期还制定和实行了一些相关规定，其重要目的是维护中国的领土主权和海上安全。20 世纪 50 年代初，中国在沿海划定了一些禁航区和封闭水道。1953 年 7 月 1 日，经中国人民解放军总参谋部批准，划定了舟山群岛的禁航区界限；1953 年 10 月 18 日，划定了庙岛列岛禁航区。1956 年的《关于商船通过老铁山水道的规定》明确了商船在此海域的航行事项。1964 年，中国国务院发布《外籍非军用船舶通过琼州海峡管理规则》。1976 年的《中华人民共和国和交通部海港引航工作规定》，明确提出其立法目的是"为了维护中华人民共和国的主权，保障港口、船舶安全。"

从建国之初到改革开放前这一时期，中国国家领导人对海军建设所作过的重要指示及一些相关规定，初步反映出中国政府的海洋观念和海洋政策，这些观念和政策集中体现在中国政府深切认识到建设海防的重要性，它标志了新中国领导人的海洋观和新中国海权思想的萌芽。

红色海门划时代开启

　　20 世纪 70 年代末，中国开始改革开放，打开了厚重而且封闭了太久的"红色"大门。从此以后，中国的社会、经济、科技等多方面无不迅猛发展。仅仅用了 30 多年的时间，中国就在经济总量上赶超很多强国，成为仅次于美国的世界第二经济体。

　　随着中国政府工作重心向经济的转移、海洋产业和涉海行业的迅速发展、国际海洋形势的变化，中国对发展海洋事业的重视程度

2013 年 8 月，中远船务启东海工基地的圆筒型超深水海洋钻探平台"希望 3 号"。

不断加强。与建国之初的重点防卫策略相比，中国在海洋观念上有了飞跃式的提高。

1991年1月，召开了首次全国海洋工作会议。这次会议讨论通过了《90年代中国海洋政策和工作纲要》。这份文件提出了中国海洋工作在90年代的基本指导思想，重点围绕10个方面提出了保障90年代中国海洋事业顺利发展的宏观指导意见。《90年代中国海洋政策和工作纲要》是指导中国90年代海洋工作的重要文件，贯彻实施后产生了深远的影响，促进了中国海洋事业的大发展。

1993年3月，中国研究制定了《海洋技术政策》，并由国家科委、国家计委、国家海洋局、国务院经济贸易办公室联合发出了"关于发布《海洋技术政策要点》的通知"。《海洋技术政策》旨在通过国家引导海洋科技队伍形成整体力量，重点发展海洋探测和海洋开发适用技术，有选择地发展海洋高新技术并形成一批相应的产业，使中国海洋科学技术在本世纪末逐步接近世界先进水平，以满足开发海洋资源、保护海洋生态环境和维护中国海洋权益的需要。

为了促进中国海洋经济持续、稳定、协调的高速发展，实现海洋开发的经济效益、社会效益和环境效益的统一，必须制定科学合理的海洋开发规划，以实现对全国海洋开发进行指导和调控。因此，1991年，受国家计委的委托，国家海洋局组织了全国海洋开发规划的编制工作。1995年5月，经国务院批准，由国家计委、国家科委、国家海洋局联合印发了《全国海洋开发规划》。

中国改革开放以来，历届政府和国家领导人对发展海洋事业的重视是这种飞跃的最好的解释。江泽民等曾先后作出"振兴海业，繁荣经济""管好用好海洋，振兴沿海经济"等重要指示。1996年3月通过的《国民经济和社会发展"九五"计划和2010年远景目标纲要》提出"加强海洋资源调查，开发海洋产业，保护海洋环境"，第一次在国家长远发展战略性文件中把海洋提到重要地位。

这一时期，为了保障海洋经济的迅速发展，搁置争议、友好协商、双边谈判、推动合作成为中国解决海洋权益争端的主要政策，为海洋经济大发展创造了良好的政治氛围和基础条件。

为了规范海洋开发利用秩序，为海洋经济快速可持续发展提供法制保障，这一阶段海洋立法工作取得了很大进展。为行使中国对领海的主权和对毗连区的管制权，以及更好地开发利用和保护海洋，中国于1992年2月25日颁布《中华人民共和国领海及毗连区法》，其第二条规定："中华人民共和国的陆地领土包括中华人民共和国大陆及其沿海岛屿、台湾及其包括钓鱼岛在内的附属各岛、澎湖列岛、东沙群岛、西沙群岛、中沙群岛、南沙群岛以及其他一切属于中华人民共和国的岛屿"，建立了内水、领海和毗连区等基本海洋法律制度。1996年5月15日，中国批准了《联合国海洋法公约》；1998年6月26日，中国公布了《中华人民共和国专属经济区和大陆架法》，建立了专属经济区和大陆架制度。

2013年12月28日，第十二届全国人大常委会第六次会议，表决通过了修改《海洋环境保护法》等七部法律的决定草案。

为了维护国家海洋权益、保护海洋生态环境、规范海洋开发利用秩序，这一时期还先后组织起草并陆续推出了《中华人民共和国海洋环境保护法》以及《铺设海底电缆管道管理规定》《中华人民共和国涉外海洋科学研究管理规定》《中华人民共和

浙江省宁波一渔港

国海洋倾废管理条例》等法律法规。这些法律法规的实施，对于发挥海域使用整体效益，强化海洋环境保护，保证海洋资源可持续利用具有划时代的重要意义。同时，各沿海省市也配套出台了近百部相关的地方性海洋法规、规章。这些法律法规的出台，不仅丰富和发展了具有中国特色的海洋管理法律体系，而且对联合国所倡导的海洋综合管理模式做出了有益探索。

为促进海洋经济的迅速发展，这一时期开展了大量相关海洋政策研究工作，包括《海洋技术政策》《中长期海洋科学技术发展纲要》《中国海洋产业政策研究》等各项相关研究工作，制定和发布了多项政策性文件。

联合国《21世纪议程》指出：海洋是全球生命支持系统的一个基本组成部分，也是一种有助于实现可持续发展的宝贵财富。中国政府根据1992年联合国环境与发展大会的精神，制定了《中国21世纪议程——中国21世纪人口、环境与发展》白皮书，确立了中国未来的发展要实施可持续发展战略。为了在海洋领域更好地贯

广东茂名博贺港

彻《中国 21 世纪议程》精神，促进海洋的可持续开发利用，1996 年，中国制定了《中国海洋 21 世纪议程》。这个议程是《中国 21 世纪议程》在海洋领域的深化和具体体现，是中国海洋事业可持续发展的政策指南。

中国是一个发展中的沿海大国，高度重视海洋的开发和保护，积极推动海洋经济持续快速发展，1998 年组织编制了《中国海洋政策》，并由中华人民共和国国务院新闻办公室以七种文字向全世界发布了《中国海洋事业的发展》白皮书，系统全面地阐述了中国在海洋事业的发展中遵循的基本政策和原则，成为指导这个时期中国海洋事业发展的纲领性文件。

进入 20 世纪 90 年代，特别是中国共产党的十四大以来，中国政府的现代海洋观念已经形成，除了高度重视海洋经济的发展，中国对海洋事业的全面发展更为关注。中国的海洋政策更趋于成熟。

放眼全球的中国海洋战略

　　21世纪是全面开发利用海洋的新时代。世界各海洋大国以及中国周边海上邻国纷纷确立和完善面向21世纪的海洋战略和政策,要在新一轮国际海洋竞争中抢得先机。

　　加拿大1996年颁布了《海洋法》,2002年制定了国家海洋战略,被联合国秘书长列为全球海洋综合管理的典范。2007年1月,越共十届四中全会讨论了越共中央政治局《到2020年的海洋战

上海芦潮港海洋经济区

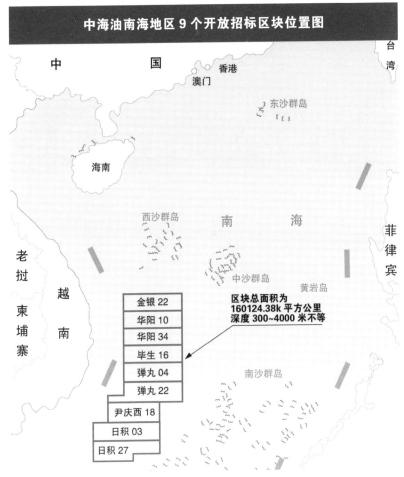

中海油南海地区 9 个开放招标区块位置图

中　　　国

香港

澳门

东沙群岛

台湾

海南

西沙群岛

南　　海

老挝

柬埔寨

越南

中沙群岛

黄岩岛

菲律宾

金银 22

华阳 10

华阳 34

毕生 16

弹丸 04

弹丸 22

尹庆西 18

日积 03

日积 27

区块总面积为 160124.38k 平方公里 深度 300~4000 米不等

南沙群岛

2012 年，中国海洋石油总公司宣布在南海地区对外开放 9 个海上区块，供与外国公司进行合作勘探开发。

略》提案，越共中央作出了"关于 2020 年越南海洋战略的决议"；2007 年 4 月，日本国会通过了《海洋基本法》，确立"海洋立国"的基本理念；2007 年 10 月，欧盟委员会通过了《综合性海洋政策》及其第一阶段的《海洋行动计划》等。

在这样的国际背景下，为规范海洋开发利用活动，促进海洋

中国的海洋事业正迎来历史上最好的发展时期。

经济发展，中国政府 2001 年 10 月 27 日第九届全国人民代表大会常务委员会第二十四次会议通过了《中华人民共和国海域使用管理法》，2002 年 1 月 1 日正式施行。《海域使用管理法》的出台，规范了海域使用秩序，促进了海域资源的合理开发和海洋经济可持续发展。中国共产党在 2002 年第十六次全国代表大会上，提出了 21 世纪头二十年在中国全面建设小康社会的国家战略，在总体战略部署中专门提出了中国"实施海洋开发"的要求。2003 年 5 月 9 日，国务院印发了《全国海洋经济发展规划纲要》，明确提出了建设海洋强国的战略目标。2006 年，十届全国人大四次会议批准了修改后的《国民经济和社会发展第十一个五年规划纲要》。在《国民经济和社会发展第十一个五年规划纲要》中，对于海洋方面有了更明确的指示。2007 年，中国共产党第十七次全国代表大会又提出了要 "发展海洋产业"的明确要求。

为促进海洋事业的全面发展，近年来国家在海洋战略规划方面开展了大量工作，2008年2月，国务院批复了《国家海洋事业发展规划纲要》，该规划对发展海洋经济、加强海洋综合管理和海洋公共服务事业等，作出了统筹安排，强调要以建设海洋强国为目标，统筹国家海洋事业发展。《国家海洋事业发展规划纲要》成为现阶段指导中国海洋事业发展的纲领性文件。2011年，《中华人民共和国国民经济和社会发展第十二个五年规划纲要》第14章对海洋事业的发展提出了具体要求，明确提出：坚持陆海统筹，制定和实施海洋发展战略，提高海洋开发、控制、综合管理能力。

第14章包括两节共13条。第一节"优化海洋产业结构"就发展海洋经济的主体内容从五个方面进行了具体部署。指出，要"科学规划海洋经济发展，合理开发利用海洋资源，积极发展海洋油气、海洋运输、海洋渔业、滨海旅游等产业，培育壮大海洋生物医药、海水综合利用、海洋工程装备制造等新兴产业。加强海洋基础性、前瞻性、关键性技术研发，提高海洋科技水平，增强海洋开发利用能力。深化港口岸线资源整合和优化港口布局。制定实施海洋主体功能区规划，优化海洋经济空间布局。推进山东、浙江、广东等海洋经济发展试点。"

第二节"加强海洋综合管理"则从八个方面提出了相关要求。即"加强统筹协调，完善海洋管理体制。强化海域和海岛管理，健全海域使用权市场机制，推进海岛保护利用，扶持边远海岛发展。统筹海洋环境保护与陆源污染防治，加强海洋生态系统保护和修复。控制近海资源过度开发，加强围填海管理，严格规范无居民海岛利用活动。完善海洋防灾减灾体系，增强海上突发事件应急处置能力。加强海洋综合调查与测绘工作，积极开展极地、大洋科学考察。完善涉海法律法规和政策，加大海洋执法力度，维护海洋资源开发秩序。加强双边多边海洋事务磋商，积极参与国际海洋事务，保障海上运输通道安全，维护我国海洋权益。"

山东省青岛西海岸新区

2012 年，中国共产党的十八大报告中，从战略高度对海洋事业发展做出了全面部署，明确指出要"建设海洋强国"。"海洋强国"内涵丰富，既是指通过合理开发利用海洋来实现国家富强，又是指以强大的综合国力支撑海洋事业发展，维护国家海洋权益。

2013 年 3 月，中国国务院总理温家宝在政府工作报告中对海洋工作提出，要"加强海洋综合管理，发展海洋经济，提高海洋资源开发能力，保护海洋生态环境，维护国家海洋权益"。

2013 年 7 月 30 日，中国共产党中央委员会总书记习近平在主持中共中央政治局第 8 次集体学习时强调，建设海洋强国是中国特色社会主义事业的重要组成部分。

13 亿人口的诉求

——中国的 21 世纪海洋策略

进入 21 世纪，世界上的大多数国家都以生态系统和可持续发展为出发点制定和实施"综合性海洋政策"。无疑，这一转变的基础，是国家长远的战略利益和对作为地球最后资源库的海洋的不可再生性的考量。

中国快速发展和强大过程及今后一个时期的战略选择不可避免地成为了国际社会关注的焦点问题之一。中国反复重申：中国选择走和平发展之路！2011 年 9 月 6 日，国务院新闻办公室发表了《中国的和平发展》白皮书，明确提出了中国和平发展的总体目标，2013 年的国防白皮书进一步指出"走和平发展道路，是中国坚定不移的国家意志和战略抉择"。

中国是全世界人口最多的国家。改革开放以来，中国在经济总量等方面飞速发展，引起了全世界的瞩目，但从综合发展的指标考查，中国目前仍然是发展中国家。要在 13 亿人口的中国全面实现小康社会和民族复兴大业的目标和任务，如果没有健康的海洋和强大的海洋事业，这就是一句空话。

中国的 21 世纪海洋策略，建立在对海洋的爱护之上。

中国是发展中国家，人口多、底子薄，用世界 7.9% 的耕地和 6.5% 的淡水资源养活着世界近 20% 的人口。如果满足不了众多人口的生存需求和不断增加的发展需要，社会就会崩溃、国家就会出现动乱，会冲击世界的和平发展局面。而中国拥有的广阔的海域和丰富的海洋资源，是解决以上问题的唯一路径。中国执政党中国共产党在党的十八大报告从战略高度对海洋事业发展做出了全面部署，明确指出要"建设海洋强国"。依海富国、以海强国，成为历史赋予我们的重大战略任务。

中国的海洋思维

300 万平方千米海域

地球表面的总面积约 5.1 亿平方千米，其中海洋的面积为 3.6 亿平方千米，占地球表面总面积的 71%。它分为国家管辖海域、公海和"区域"。依据《联合国海洋法公约》的规定，沿海国家可以划定 12 海里领海、200 海里专属经济区和大陆架等为自己的管辖区域。沿海国家在专属经济区和大陆架拥有勘探开发自然资源的主权权利，以及某些管辖权，在这种意义上，这两种国家管辖海域是沿海国家的"准国土"。

《联合国海洋法公约》规定，领海、专属经济区、大陆架（总面积约 1.09 亿平方千米，约占海洋面积的 30%）是沿海国家的管辖海域；其中，领海是水体覆盖的宝贵国土，从开发利用角度看，专属经济区和大陆架正在向"国土化"方向发展。公海（面积约为 2.5 亿多平方千米）和国际海底区域是世界各国都可以利用的"公土"。中国主张管辖海域约 300 万平方千米。

中国经济和安全的核心之一

通过对历史上世界强国的系统考察，得出一条共同经验，这就是它们都选择了走向海洋的国家战略。第二次世界大战之后，海洋在安全和发展方面的作用发生了深刻变化。在安全方面，海洋强国争夺海上霸权，威胁许多沿海国家的安全。在生存和发展方面，海洋交通运输业、海洋渔业、海盐业规模扩大了，海洋油气资源开发、海洋空间利用、海洋能源利用等形成了新产业，海洋经济成为世界经济的一个重要领域。

统筹陆地与海洋的战略地位，统筹海洋开发利用与陆地开发利用，全面开发利用海洋资源，发展各种海洋产业，通过海上通道发展与世界各国的经济贸易关系，为实现国家经济发展的战略目标服务。同时，统筹安排海防事业发展，统筹海上安全和陆上安全，保证海防建设用海需要，建设军民兼用的海洋环境保障体系，确保海防安全。

以和平方式解决海上问题

世界各国海洋战略的核心，都是为了从海洋中获得更多的国家

2012 年 10 月 30 日，中国—东盟海事磋商机制第八次会议在广东省珠海市举行。

利益。但不同的时代背景、不同的国家制度所选择的海洋强国之路是不同的。西方的海洋强国多以马汉的"海权论"为理论基础,以发展海上武装力量为中心,取得制海权,控制海洋和控制世界。中国建设海洋强国,不会走历史上大国殖民掠夺的老路,因为那是一条与世界和平发展大势背道而驰的不归路,更不符合中华民族的根本利益。

中国是一个爱好和平的国家,拥有和谐文化的优良传统,确立了建设"和谐世界"的战略思想,又具备了和平发展的法律基础和大政方针。中国建设海洋强国着眼于坚定不移地走向海洋、创建尊崇和平的海洋强国的新模式,而不谋求海上霸权。中国式海洋强国的最大特色,就是执着地避免陷入历史上西方大国武力争霸、抢占市场、掠夺资源、盛极而衰的历史轮回,奋发地走出一条互利共生、永续发展的新道路。

这条道路的路名,就叫做"以和平方式解决海上问题"。

成为国际海洋事务最积极的合作者

1978 年改革开放后,中国社会经济快速发展,国家实力和国际地位不断上升,在地区事务中的影响力也不断增强。美国等一些国家对此表示"担忧",认为中国强大起来后必然会挑战现行国际秩序,与现有大国展开竞争,甚至引发冲突。因此,中国快速发展和强大过程及今后一个时期的战略选择不可避免地成为了国际社会关注的焦点问题之一。

中国反复重申:中国选择走和平发展之路。2011 年中国发布《中国的和平发展》白皮书,对中国坚持走和平发展道路相关问题进行了详尽的阐述。

2012 年党的十八大报告对和平发展做出进一步的阐述,"和平发展是中国特色社会主义的必然选择。要坚持开放的发展、合作

2011 年 12 月，中国环境科学研究院与韩国国际协力团在北京签署了"黄海入海污染物负荷评估及其控制研究"项目合作。图为双方代表交换协议文本。

的发展、共赢的发展，通过争取和平国际环境发展自己，又以自身发展维护和促进世界和平，扩大同各方利益汇合点，推动建设持久和平、共同繁荣的和谐世界。"

"和平发展"已经成为国家意志和战略的中国，将积极参与联合国海洋事务，在国际海洋事务中坚持和平利用海洋、合作处理海洋国际事务的政策，由此享有和履行国际海洋法赋予的权利和义务。

中国将积极参与国际海洋科技、生物资源和环境保护等领域的合作，与国际社会共同分担保护海洋、防止海洋资源破坏和环境退化的责任和义务，共同促进世界海洋的和平利用。

中国将积极参与国际海底和深海国际竞争，维护中国在全球的海洋利益，提升在国际海洋领域的地位。

思维的 "航线"

中国发展海洋事业将坚持四项基本原则，即陆海统筹原则、可持续发展原则、科技支撑引领原则、和平利用与合作共赢原则。

陆海统筹

中国是陆海兼备的人口大国，主张管辖的海域面积约 300 万平方公里，接近陆地国土面积的三分之一。中国海域辽阔，港湾星罗

福建平潭县，陆海规划建设区。

棋布，环境条件优越，海洋资源丰富，在接替和补充陆地空间和资源不足等方面潜力巨大。

海洋是中国的蓝色国土，在拓展生存空间和缓解资源不足等方面潜力巨大，正在逐步成为中国社会经济发展的"半壁江山"，应放在与陆地同等重要的战略地位来对待。在这样的国土特征下，《中华人民共和国国民经济和社会发展第十二个五年规划纲要》明确提出："坚持陆海统筹，制定和实施海洋发展战略，提高海洋开发、控制、综合管理能力。"

可持续发展

中国将坚持以可持续发展原则指导各项海洋事业，严格控制海洋污染，切实保护海洋生态环境，建设繁荣海洋、健康海洋、安全海洋、和谐海洋。

1992 年召开的联合国环境与发展大会认为，海洋是全球生命支持系统的基本组成部分，也是实现可持续发展的宝贵财富。1994年中国政府制定的《中国 21 世纪议程——中国 21 世纪人口、环境与发展》白皮书中，把"海洋资源的可持续利用与保护"作为其重要的行动方案。1996 年中国发布的《中国海洋 21 世纪议程》，提出了中国海洋事业可持续发展的战略。1998 年被联合国定为国际海洋年，并把"海洋——人类未来的财产"作为主题。中国的陆地自然资源人均占有量远低于世界平均水平，要保障国民经济持续、快速、健康发展，必须坚持综合利用和可持续发展原则，把开发利用海洋作为一项长期的战略任务，合理开发利用蓝色国土，积极利用世界海洋资源，建设海洋经济强国。

中国海洋开发利用密度高、生态环境退化严重，要实行绿色保护的海洋政策，解决海洋的可持续开发利用问题。中国沿海城市水污染严重，陆地农药、化肥和水产养殖产生的污染日显突出；未得

2013年9月，海峡两岸渔业资源增殖放流活动在福州海事局马江处码头及闽江口川石岛立桩礁附近海域启动。

到有效处理的废弃物是重大环境隐患；海洋生态恶化的范围有可能继续扩大，整体功能下降；海洋资源过度开发的形势非常严峻。为此，要坚持科学发展观，实行绿色海洋保护政策，以可持续发展原则指导各项海洋事业，用生态系统管理方法统筹考虑海洋、陆地和大气大系统的相互作用和影响，自然生态系统和社会经济系统的相互关系，遏制沿海区域海洋生态环境恶化的势头，实现海水清洁、海产食品安全、海洋生态环境平衡、海洋经济和社会持续发展。与国际社会共同分担保护海洋、防止海洋资源破坏和环境退化的责任和义务，为世界海洋的可持续利用做出贡献。在沿海地区全面实行生态化战略，严格控制海洋污染，加大海洋生态保护力度，确保子孙后代有健康的海洋可以利用。

科技引领

中国将坚持科技先行，发挥海洋科技的支撑引领作用。进一步优化配置海洋科技资源，壮大海洋科技人才队伍，完善海洋科技创新体系，增强自主创新能力，使海洋科技成为支撑和引领海洋事业快速发展的重要力量。

对国际海域资源和空间的真正占有和利用取决于相应的深海技术能力的拥有。美、日、英、法和俄罗斯、印度、韩国等国家都投入巨资进行深海技术的研究开发。深海技术已成为继太空技术后的又一国际激烈竞争的战略高技术。中国深海勘探、深海采矿技术方面与发达国家差距较大。深海高技术的发展对其他技术或产业的发展具有很强的带动性，国家高技术发展规划对这一领域应给予优先关注。

当今世界，知识和技术对经济增长的贡献已经大大超过资金、劳力和自然资源的贡献之和，成为最主要的经济要素。经济的增长比以前任何时候都更加依靠技术的进步。由于海洋资源环境的特殊

2013 年 7 月，由中国承建的深海石油开采浮体系统从青岛出发装船启运，交付巴西石油公司。

性，开发利用的技术难度较大，在某种意义上来讲，谁先掌握了先进的海洋技术，谁就掌握了这些领域的开发权和优先权。沿海国家都在积极发展海洋开发利用新技术、提高国际竞争能力。海洋科技，特别是海洋高新技术的发展，成为各海洋大国发展的优先战略。

海洋科技渗透到海洋事业发展的各个方面，具有巨大的引领和推动作用。中国是陆海兼备的发展中大国，随着陆地资源的日益枯竭，社会和经济发展需要更多地依赖海洋。重视发展海洋科学技术，能够推动海洋的开发利用，为海洋经济的发展提供支撑。

例如，海洋资源勘测与开发技术的新发展，可用于探索新的可开发资源，包括深海多金属结核、钴结壳、多金属硫化物等矿产资源，深海生物基因资源，海洋能资源，深海天然气水合物资源等。20世纪末人口将过13亿，解决吃饭问题始终是一件大事，海洋生物科技的发展可有效促进海洋食物资源开发，提供越来越多的食物；另外，海洋能利用技术、海水直接利用和淡化技术等的发展，都能够为缓解国家能源短缺的矛盾及沿海地区水资源短缺问题做出贡献。

中国《国家"十二五"（2011—2015）科学和技术发展规划》对未来五年科技发展和自主创新的战略任务进行了部署，突出

2013年11月22日，浙江海洋学院首艘科考船"浙海科1"号在舟山市正式投入使用。船上配有多种实验室和科考设备，可满足近海渔业资源调查、综合海洋环境观察研究等，是一般海洋综合科学考察船。

科技对经济社会发展的支撑和引领作用。《国家"十二五"（2011—2015）海洋科学和技术发展规划纲要》提出的发展目标是，"十二五"期间海洋科技对海洋经济的贡献率要由"十一五"时期的 54.5% 上升到 60%。海洋开发技术自主化要实现大发展，科技成果转化率要显著提高。海洋科技将从"十一五"（2006—2010）时期支撑海洋经济和海洋事业发展为主，转向引领和支撑海洋经济和海洋事业科学发展。

和平、合作、共赢

中国将坚持海洋的和平利用、合作开发与保护，实现互利共赢。坚持合作共赢原则，努力寻求与他国的利益汇合点，争取构建利益共同体。积极参与国际海洋科技、海洋资源和环境保护、国际海事等领域的合作，与国际社会共同分担保护海洋、防止海洋资源破坏和环境退化的责任和义务，共同促进世界海洋的可持续利用，实现人类建设和谐海洋的愿景。

中国一贯主张维护海洋和平。2009 年，在海军成立六十周年之际，提出了构建"和谐海洋"的倡议，以共同维护海洋持久和平与安全。构建"和谐海洋"的理念是继 2005 年中国在联大提出"和谐世界"理念在海洋领域的具体化，体现了国际社会对海洋问题的新认识和新要求。中国坚持互利共赢原则，积极参与国际海洋事务，促进世界海洋和平利用，促进世界海洋和谐发展；坚持合作共赢原则，努力寻求与他国的利益汇合点，争取构建利益共同体，管理和控制危机，有理有利有节的处理冲突和竞争难题，走和平建设新型海洋强国之路。

2008 年 12 月 26 日，由"武汉"号、"海口"号导弹驱逐舰和"微山湖"号远洋综合补给舰组成的首批护航编队从三亚起航，赴亚丁湾、索马里海域执行护航任务。

2014 年 8 月，中国海军第十八批护航编队接力亚丁湾护航。

这次远洋护航，是在国际法、联合国决议的框架内，合理合法运用军事力量保护中国安全利益和经济利益的正当行动，标志着中国军队职能使命由维护国家陆地安全向维护国家海洋权益的历史性转变。

2008 年 12 月 27 日，在中国海军首批护航编队起航的第二天，英国《泰晤士报》发表文章称："中国军舰离开三亚军港驶向亚丁湾，对北京和其他一些关注全球的政府来说，这是世界海军史上的新纪元！这是五个多世纪以来中国海军首次驶出领海保护国家利益，这是中国政策的一次重大、历史性突破！"

遵从国家海洋政策的引导

现代意义上的国家海洋政策是国家用于筹划和指导海洋开发利用、维护海洋权益、保护海洋资源环境、实施海洋管理、捍卫海洋安全的全局性策略，涉及海洋经济、海洋政治、海洋外交、海洋军事、海洋权益、海洋科学技术等诸多方面。

中国海洋政策领域涵盖以下几方面内容：有效维护国家海洋权益、科学合理开发管辖海域、切实保护近海生态环境、发展国际海底与极地事业、发展海洋科技与教育事业、加强海洋综合管理、建设现代化的海洋环境保障体系、完善领导体制、机制与法制及积极参与国际海洋事务合作等。

科学合理地开发利用

海洋物质资源、海洋空间资源、海洋能源……随着人类对海洋的调查研究不断取得新的成就，可开发利用的海洋资源越来越丰富，它作为人类可持续发展的财富的价值越来越重要。也正因为如此，在全面开发利用海洋的新时代，科学合理地开发海洋自然资源和海域空间，形成资源消耗低、环境污染少、生态损害小的海洋开发利用体系，确保管辖海域及其资源可持续开发利用，进一步提高海洋经济对国民经济增长的贡献率就越发重要。

中国 21 世纪的海洋策略是，在逐步成为海洋经济强国的同时，更要成为科学合理地开发利用和保护海洋资源的大国和强国。

遏制污染恶化势头

中国认为，保护海洋生态环境是可持续开发利用海洋的基础。

沿海地区经济社会的快速发展和海洋开发利用程度的不断提高，对海洋生态环境造成巨大压力，主要表现在陆源污染物排海加重，近岸海域环境污染严重，各类海上活动对海洋环境造成的污染日益显著。海洋及海岸带栖息地损失，海洋底栖环境恶化，海水营养盐结构失调，海水盐度变化显著，海洋生态系统结构失衡，生物多样性和珍稀濒危物种减少，海产品品质下降。海洋生态灾害频发，赤潮、绿潮等海洋环境灾害危害严重，溢油等海洋环境突发事件影响巨大，外来物种危害加大，海水浴场卫生质量下降，水母大量爆

山东省东营市一处严重盐碱化的土地，海边大量的盐池导致湿地被破坏严重。

发，海漂垃圾增多，近岸海域出现严重贫氧区，海水养殖病害时有
发生，海水入侵、海岸侵蚀、咸潮上溯等灾害加重。气候变化已经
对海洋及海岸带生态产生影响，珊瑚礁出现退化现象日益显著。

因此，中国将进一步完善保护和治理措施，遏制海洋环境污染
恶化势头，恢复受损海洋生态系统，逐步实现海洋经济、海洋生态
环境协调发展。

捍卫权益、保障安全

有效维护国家海洋权益和安全是十分重要的战略任务，随着沿
海国对海洋的日益关注，全球范围内的海洋权益斗争日趋激烈。中

2013 年 11 月 26 日，中国第一艘航空母舰辽宁舰从山东青岛某军港解缆起航，在
海军导弹驱逐舰沈阳舰、石家庄舰和导弹护卫舰烟台舰、潍坊舰的伴随下赴南海，
并将在南海附近海域开展科研试验和训练。

国的海洋权益也面临严峻、复杂的形势，主要涉及岛礁主权、海域划界、资源开发、海上安全和管辖海域外海洋权益拓展等问题，主要存在岛礁被侵占，海域被分割，资源被掠夺等传统权益问题。

进入 21 世纪以来，海上通道安全和海外利益扩展等新的问题和挑战日益突显。

中国必须有效维护领海主权、专属经济区和大陆架勘探开发自然资源的主权权利与各种管辖权，行使公海自由的权利，分享国际海底区域人类共同继承财产权利等，确保海防安全、海上非传统安全、海上生命财产安全。

发展技术、深化教育

未来 10 到 20 年，海洋在中国的经济社会发展中的地位越来越突出，发展海洋科技，支撑海洋资源开发利用，具有战略意义。因此，中国将在发展海洋科学技术与教育，增加对海洋自然规律的认知，增强海洋科技能力，提高海洋教育水平，增强全民族海洋意识等方面重点投入，以加大、加快建设海洋科技创新体系。

健全机构、创新管理

海洋综合管理是符合可持续发展要求的海洋管理新模式，海洋综合管理是一种手段和途径，最终目标在于海洋可持续发展。1992年联合国环境与发展大会制定的《21 世纪议程》倡导沿海国家建立海洋综合管理制度。

时隔 20 年，在巴西里约热内卢举行的联合国可持续发展大会的会议主题为在可持续发展和消除贫困的背景下发展绿色经济以及建立可持续发展的体制框架，海洋综合管理仍然是包括中国在内的世界各国关切的议题。回顾发展历程，海洋综合管理从控制海洋环

2012 年 8 月，中国科学院南海海洋研究所"实验 3"号综合科学考察船完成南海海洋断面科学考察夏季航次全部科考任务。图为科考队员们在南沙海区投放海洋沉积物捕获器。

境质量开始，走过了以环境保护和规划为重点的海岸带综合管理，到以生态系统管理为核心的全球海洋综合管理，再到以空间规划控制为重点的海洋综合管理的历程，反映了从环境保护向资源管理的转变。这个历程充分反映了国际社会海洋综合管理从概念到采取实用手段的进步。

近年来，中国逐步健全海洋管理机构，创新管理方式，严格海洋执法，完善海洋法律法规体系，推进海洋综合管理工作。应在此基础上不断改革海洋管理模式，建立和完善综合管理制度，加强海域使用管理、海岛开发保护管理、围填海管理、海洋环境管理等，确保海洋事业协调发展，海洋及其资源可持续利用，沿海地区可持续发展。

完善环境安全体系

海洋安全是国家安全的前沿，同时又关系到国家经济发展的全局。海洋环境同时对民用和军事两个领域所产生的重大影响，海洋环境安全问题具有军民兼容的特性。例如，海洋气象因素既对海上运输、防灾减灾有重大影响，也对海上军事舰船的航行、隐蔽和使用等有重大影响；掌握实时的海流、潮汐、水深和盐度等海洋基本要素情况既对航行安全、海洋工程建设、海洋能的开发利用等有意义，也对潜艇和水下武器的隐蔽和利用有重大意义；充分了解海洋生物因素和海底地质状况，不仅是开发利用海洋渔业资源和油气资源的基本前提，也是潜艇停泊、隐蔽及水下武器的使用的重要条件。作为海洋强国的美国、日本和俄罗斯等，长期以来一直非常重视海洋环境安全保障。例如，美国非常重视军事海洋学的研究和军民兼用的海洋环境科学研究，并建立了一个完备的体制。

自 20 世纪 50 年代以来，尽管中国的海洋环境调查研究与保障有了较大的发展，但与美国、日本等海洋强国相比，差距还很大，对海洋环境的认知度还比较低，远远满足不了国防建设、军事斗争和维护海洋权益的需求。发展海洋环境保障事业，对于维护海洋权益和安全、发展海洋经济以及沿海地区防灾减灾具有十分重要的意义。因此，应建立军民兼用的现代化的海洋环境安全保障体系，建设军民兼用的海洋环境立体监测网、数据传输网、综合信息系统、预报警报系统、辅助决策系统，形成现代化的海洋环境保障体系。

开拓海底和极地事业

中国将在开拓海底和极地事业上投入更多的资金、人力和物力。

深海大洋、南北两极是人类尚未充分认识的空间。开展国际海底和极地科学考察活动，是探索地球奥秘、揭示自然规律、拓展人类生存和发展空间的重大事业。国际海底区域及其资源是人类共同继承的遗产。南北两极地区及其周围海域蕴藏着丰富的矿产资源、生物资源和淡水资源，是重要的资源宝库。许多国家都在发展国际海底矿产资源、深海生物基因资源、极地生物资源和矿产资源的调查勘探事业，极地的领土和海域纷争也依然存在。中国是正在复兴的大国，发展国际海底资源调查勘探、南北极科学考察、深海大洋科学考察事业，都具有极其重要的意义。

根据《联合国海洋法公约》的定义，"区域"是指任何国家管辖范围以外的海床和洋底及其底土，"区域"及其资源是人类的共同继承财产。这一区域的面积达到了 2.517 亿平方公里，占地球表面积的 49%，是地球上具有特殊法律地位的最大的政治地理单元。"区域"内蕴藏着极其丰富的战略金属、能源和生物资源，在资源和空间竞争日趋激烈的当今世界，它为人类提供了巨大的利益前景。

极地地处全球的南、北两端，是世界的战略要地，具有丰富的资源和发展空间，其独特的环境为科技原创提供了平台。在全球资源需求日益高涨的今天，极地资源的开发利用已成为 21 世纪国际社会关注的焦点。丰富的极地渔业资源是当前极地可供开发

2012 年 11 月，极地科考船"雪龙号"停靠在广东省广州沙仔岛码头上。

的生物资源，国际开发力度不断加大。极地生物基因资源已成为新兴的战略资源，在农业、食品、医药、化工等领域具有广泛的应用前景。极地特殊的地理位置与环境为天文、空间大气与气象研究、卫星遥感和接收等提供了其他地区无法比拟的优势。未来国际极地形势将从目前的极地科学、环境问题向更多领域扩展，极地资源的竞争也将日趋激烈。

参与国际海洋合作事务

海洋事务和海洋法已经成为国际事务的一个重要领域。中国一直致力于加强与世界各国在海洋领域的合作与交流，积极参与《联合国海洋法公约》及其框架下的国际组织的海洋事务合作，在地区海洋事务合作、双边海洋事务合作及多边海洋事务合作中开展了卓有成效的工作，为维护国际海洋秩序做出了重要贡献。

2014 年 7 月，"海上丝绸之路·21 世纪对话"：中非海洋经济论坛暨第二届中国非洲渔业合作研讨会在福建省福州市召开。

中国将一如既往地坚持和平利用海洋、合作处理国际海洋事务的基本政策，积极参与各种国际海洋事务，积极参与涉及海洋事务的各种国际机构的活动，参与《联合国海洋法公约》及涉及海洋事务的各种国际公约的制定和实施，积极参与国际组织发起的全球性海洋科研和业务化活动，参与国际海底管理局、国家海洋法法庭和大陆架界限委员会的有关工作，积极参与和推动区域性海洋事务的合作。

中国已经成为国际和地区性海洋事务的重要参与者，并发挥越来越重要的作用。中国愿与世界各国和有关国际组织一道，本着和平、合作、共赢的原则，开展国际及区域海洋事务合作，共同维护世界海洋的和平稳定与可持续发展。

长久的洁净与安全
——中国海洋管理的特色

随着科学技术水平的不断提高，人类社会在 21 世纪进入了大规模开发利用海洋的时期，海洋作为资源宝库的作用凸显。在这一时期，如何保持海洋长久的洁净与安全，对各国海洋管理制度、方式和能力提出了前所未有的要求。

　　中国是世界上人口最多的国家，也是海洋大国，提升海洋综合管理能力对于中国促进沿海地区经济社会发展、国民经济发展方式转变、实现全面建设小康社会目标，具有重大意义。

　　基于海洋是中国可持续、健康与和平发展的基石这一认知，结合国际海洋治理进程，中国在不断健全完善海洋管理体制，加强海洋事务的综合协调，以确保海洋长久的洁净和安全。2013 年，中国决定设立国家海洋委员会，重组国家海洋局，初步统一了海上执法队伍。这些举措将对中国的海洋综合管理产生深远的影响。

中国海洋管理历史

海洋管理体制是决定国家海洋行政管理机构设置、职权划分和活动方式、方法的组织制度，是中国政治经济制度的组成部分。国家海洋管理体制的状态与海洋综合管理职能是否能够实现密切相关。首先，国家海洋管理体制决定组织机构系统，有什么样的机构和职责，就只能发挥什么作用。20世纪五六十年代，中国的海洋管理是集中型的体制，当时全国海洋的管理与工作机构是国家科委海洋专业组，承担全国海洋调查、科研工作的统一组织、协调和实施。自20世纪六十年代中期以来，这种集中型体制逐渐被分散型体制所代替，海洋管理机构与工作方式均发生了很大变化。其次，体制还影响管理运行机制，影响管理目标的实现。如在分散型体制下，管理活动只能在部门内部运作，部门之间的协调和国家整体海洋目标的设定和监督都难以有效的开展。

中国的海洋综合管理体系不断完善。中国海洋管理体制历经变革，目前形成了国家海洋行政主管部门的综合协调，与渔业、海事和海洋矿产资源等行业管理相结合的管理体制，海洋管理的综合协调不断加强。中国于2013年建立了海洋事务高层次协调机制，加强了涉海管理部门之间的统筹协调和沟通配合。

《广州市舶条》

中国是世界上开发利用海洋最早的国家之一，一些朴素的海洋管理思想伴随着早期的海洋开发活动而产生。中国的海洋管理可追溯到夏商时期，在周代已经有了专司渔业管理的官员，周文王甚至还规定了禁渔期。中国对海盐生产的管理也有两千多年的历史，各个朝代基本都采取了鼓励海盐发展的政策。

公元前119年，汉武帝任命桑弘羊、东郭咸阳为理财官，整顿海盐生产和销售秩序。汉代在全国共设了30多处盐官，几乎沿海各地都有盐业管理机构。自秦汉以来，中国相继出现了一些著名商埠，如广州、泉州、宁波等港口；宋元之时，泉州港被称为"世界第一商港"。随着这些港口的出现和发展，逐渐形成了一些有关港口和海上航行等方面的管理实践。

中国唐代在广州首置市舶司，是中国外贸史上第一个专门机构，开创了古代海外贸易管理的新制度，为宋以后所继承沿用，至清代才为海关制度所取代。市舶的原意是中国古代进行海上对外贸易的商舶，后来发展成为相对于内陆集市而言的沿海地区贸易场所。

宋朝与东南沿海国家绝大多数时间保持着友好关系，广州成为当时中国海外贸易第一大港。宋代海上贸易的持续发展，大大增加了朝廷和港市的财政收入，促进了经济发展和城市化生活，也为中外文化交流提供了便利条件。法国年鉴派史学大师布罗代尔（Fernand Braudel）在考察15至18世纪世界城市发展史时指出，中国的广州是当时地理位置与港口条件最优越的地方，他甚至认为，当时世界上可能没有一个作为港口的地点比广州更优越。

中国北宋时期1076年制定、1080年实施的《广州市舶条》，是中国历史上第一部管理海外贸易的专门法规，虽然名为《广州

泉州海上丝绸之路的历史见证——千年清净寺。

市舶条》但却在中国的东南沿海城市被广泛推行，对后世的相关法律产生了深远的影响。1314年，元朝颁行了被认为是中国古代第一部完整和系统的海外贸易管理法规《延祐市舶法》，就是在《广州市舶条》的基础上制订的。

但是，明清封建王朝实行的闭关锁国政策严重阻碍了中华民族向海发展的脚步。公元1371年12月，明太祖朱元璋颁布禁令，几乎扼杀了延续了1500多年的民间航海和自由贸易。明朝的"开国禁海"甚至包括禁止渔民出海打鱼。1716年，清朝皇帝康熙下令禁止各省商船前往南洋贸易。1840年爆发的鸦片战争以及接下来的一系列战争更使中国的海洋事业遭到严重的摧残。一直到辛亥革命后，北洋政府在实业部设立了渔业局，专司渔政。1932年，国民政府颁布了《海洋渔业管理局组织条例》，将全国沿海分成江浙、闽粤、冀鲁和东北四个渔区，并分别设立渔业管理局，分属实业部。

中华人民共和国政府于1949年成立后，特别是改革开放以来，中国的海洋管理进入了一个新的发展阶段，海洋管理事业取得了长足的进步。海洋行政管理体制从 20 世纪 50 年代至今经历了从行业性管理到海洋综合管理与分部门分级管理相结合的变迁，海洋管理综合协调不断加强，为海洋综合管理创造了良好的条件。

粗放管理的年代

20 世纪 50 年代至 80 年代末，海洋管理以行业管理为主，按照海洋自然资源的属性进行分割管理，基本是陆地自然资源管理部门的职能向海洋的延伸。中央和各级政府的渔业部门负责海洋渔业的管理，交通部门负责海洋交通安全的管理，石油部门负责海上油气的开发管理，轻工业部负责海盐业的管理，旅游部门负责滨海旅游的管理等。在这一历史时期，由于社会生产力水平低，海洋资源的开发利用规模比较小，海洋受到的开发压力不大。各涉海行业之间以及行业内部的矛盾也不突出，涉海行业部门的主要职能是进行生产管理。

随着国家社会经济的不断发展，海洋权益和海洋资源问题越来越引起人们的重视，海洋开发已超出了行业生产的局部问题，事关国家利益和经济发展大局。海洋事业的发展需要建立相应的管理机构。1963 年 5 月 6 日，国家科委海洋专业组组长袁也烈、副组长于笑虹、刘志平等 29 名专家，联名上书国家科委，建议设立国家海洋局，以加强对全国海洋工作的领导。1964 年 1 月 4 日，国家科委党组向中共中央书记处和邓小平提交报告，正式建议成立国家海洋局。1964 年 2 月 11 日，中共中央批复同意在国务院下成立直属的海洋局，由海军代管。同年 7 月，经第二届全国人大第 124 次常务会议审议批准，国家海洋局正式成立。国家海洋局成立后，迅速整合已有的资源和队伍，完善组织机构，于 1965 年在青岛、上海和广州分别设立国家海洋局北海、东海和南海三个分局。国家海洋局初建时的行政职能是负责海洋环境监测、资源调查、资料收集整编和海洋公益服务。国家海洋局的成立标志着中国从此有了专门的海洋管理部门，国家海洋管理体制开始走向一个新阶段，是中国海洋科学和海洋管理发展史上的重要一页。

中国共产党第十一届三中全会后，国家工作重心转移和改革开放的深入开展，为海洋体制改革创造了条件。在 1983 年的体制改革中，形成了把海洋基础性、公益性和协调性工作统一管理的思想，明确国家海洋局为国务院直属部门，是国务院管理全国海洋工作的职能部门；主要任务除负责组织协调全国海洋工作外，还担负组织、实施海洋调查、海洋科研、海洋管理和海洋公益服务等四个方面的具体任务；适时提出沿海地方设立海洋管理机构问题，并原则提出国家海洋局与地方海洋管理机构间是"业务指导"关系。此次海洋体制改革和实践，在一定程度上解决了中国海洋管理体制中的一些主要矛盾以及运行机制上的问题。

1983 年体制改革后，国家海洋行政主管部门负责立法、政策及规划拟订、协调等，各海区和地方的海洋管理由其派出的分局和管区等承担。沿海省、自治区、直辖市及其之下的市、县没有设置海洋管理机构。这种管理体制在海洋开发利用程度较低、规模不大的情况下，发挥了积极的作用。随着海洋开发利用程度的提高，地方同海洋的社会经济联系增加，设立地方管理机构的必要性日益凸显。

分级管理，中央决策

从 20 世纪 80 年代起，中国海洋事业快速发展，又经历了 1989 年、1998 年及 2008 年数次大规模机构改革。海洋管理体制日益完善，在综合管理方面突出表现在地方管理机构的建立及

宁波象山港一景

国家海洋局综合管理协调的职能进一步加强两个特点。

在 1989 年的海洋管理体制改革中,中国沿海省、市、区逐步建立起地方海洋行政管理机构,开始地方用海管海的新阶段。地方海洋行政机构的设立,为实行分级管理创造了必要的条件。目前,中国所有沿海省、自治区、直辖市及计划单列市和沿海县（市）都设立了海洋管理职能部门,承担地方的海洋综合管理任务。2008 年,国家海洋局作为国家海洋行政主管部门的职责再次拓展,明确受权"加强海洋战略研究和对海洋事务的综合协调",主要职责从七条增加到十一条。此次海洋管理体制改革使中国朝着海洋综合管理的目标迈进了一大步。

此后,中国海洋综合管理体制改革在 2013 年取得了历史性的突破。为加强海洋事务的统筹规划和综合协调,中国决定设立高层次议事协调机构——国家海洋委员会,负责研究制定国家海洋发展战略,统筹协调海洋重大事项。国家海洋委员会的具体工作由国家海洋局承担。

国家海洋局历次机构改革职责变化		
时　间	职　责	行政级别
1964 年	国家海洋局初建时的行政职能是负责海洋环境监测、资源调查、资料收集整编和海洋公益服务。	先后隶属于海军和国家科委
1983 年	组织协调全国海洋工作，组织实施海洋调查、海洋科研、海洋管理和海洋公益服务等方面的具体任务。	国务院直属机构
1998 年	海域使用管理、海洋环境保护、海洋科技、海洋国际合作、海洋防灾减灾及海洋权益维护等六个方面。	国土资源部管理的国家局
2008 年	加强海洋战略研究和对海洋事务的综合协调。综合协调海洋监测、科研、倾废、开发利用；海洋经济运行监测、评估及信息发布；规范管辖海域使用秩序；海岛生态保护和无居民海岛合法使用；保护海洋环境；组织海洋调查研究；海洋环境观测预报和海洋灾害预警报；参与全球和地区海洋事务；依法维护国家海洋权益等 11 项职责。	国土资源部管理的国家局
2013 年	加强海洋综合管理、生态环境保护和科技创新制度机制建设，推动完善海洋事务统筹规划和综合协调机制。加强海上维权执法，统一规划、统一建设、统一管理、统一指挥中国海警队伍；组织拟订海洋维权执法的制度和措施。负责起草相关法律法规；组织编制并监督实施海洋功能区划；无居民海岛管理；海洋生态环境保护；海洋观测预报和海洋灾害警报；组织拟订并实施海洋科技发展规划；组织开展海洋经济运行综合监测；开展海洋领域国际交流与合作；承担国家海洋委员会的具体工作等。	国土资源部管理的国家局

当下体制架构

海洋管理的综合协调在中国逐步加强，在海洋行政系统内已形成"国家—海区垂直管理"与"国家—地方分级管理"相结合的海洋管理综合协调体制，在中央政府框架内，海洋行政管理职能部门与涉海部门之间的协调不断加强。国家海洋局在渤黄海、东海和南海分别设立国家海洋局北海分局、东海分局和南海分局，作为国家海洋局的派出机构，代表国家实施海洋行政管理。海洋分局对各海区的管理为垂直管理。在沿海省、市、县各级政府中，设有相应级别的海洋行政主管部门，负责不同区域的地方海洋管理工作。国家海洋局和地方政府对海洋的管理体现了分级管理的特点，管理层次主要分为国家、海区和地方三级。

国家海洋局

国家海洋局是中国的国家海洋行政主管部门，自 1964 年成立后，历经数次政府机构改革，海洋综合管理的职责不断加强。国家海洋局继 2008 年被授予"加强对海洋事务的综合协调"的基本职责后，又于 2013 年重组。原国家海洋局及其中国海监、公安部边防海警、农业部中国渔政、海关总署海上缉私警察的队伍和职责进行整合。

重新组建的国家海洋局在海洋综合管理和海上维权执法两个

方面的职责得到加强。同时，在海洋规划、海域使用管理、海岛保护利用、海洋生态环境保护、海洋科技、海洋防灾减灾、海洋国际合作等方面负有主要职责，在海洋战略研究、法规制定、海洋经济发展等方面负有相关职责，并承担极地、公海、国际海底相关事务。国家海洋局承担国家海洋委员会的具体工作。

国家海洋局的主要职责包括：负责起草内海、领海、毗连区、专属经济区、大陆架及其他海域涉及海域使用等方面的法律法规；组织编制并监督实施海洋功能区划；拟订海岛保护及无居民海岛开发利用管理制度并监督实施；开展海洋生态环境保护工作；拟订海洋观测预报和海洋灾害警报制度并监督实施，参与重大海洋灾害应急处置；开展海洋领域国际交流与合作等。

根据国务院批准的《国家海洋局主要职责内设机构和人员编制规定》（2013 年），国家海洋局设战略规划与经济司、政策法制与岛屿权益司、海警司（海警司令部、中国海警指挥中心）、

2013 年 7 月 22 日，重新组建的国家海洋局挂上了"国家海洋局"和"中国海警局"两块牌子。

生态环境保护司、海域综合管理司、预报减灾司、科学技术司、国际合作司、人事司（海警政治部）、财务装备司（海警后勤装备部）等 11 个内设机构。

中国在青岛、上海和广州分别设立国家海洋局北海分局、东海分局和南海分局三个海区海洋行政管理机构，履行所辖海域海洋监督管理和维权执法职责。三个海区分局对外以中国海警北海分局、东海分局和南海分局名义开展海上维权执法。海区分局在沿海省（自治区、直辖市）设置 11 个海警总队及其支队。中国海警局可以直接指挥海警总队开展海上维权执法。

国家海洋局内设机构示意图

```
                          办公室
                          战略规划与经济司
                          政策法制与岛屿权益司
                          海警司（海警司令部、中国海警指挥中心）
                          生态环境保护司
国家海洋局                海域综合管理司
（中国海警局）            预报减灾司
                          科学技术司
                          国际合作司（港澳台办公室）
                          人事司（海警政治部）
                          财务装备司（海警后勤装备部）
                          其他部门
```

协作和分工

除国家海洋局外，国家发展与改革委员会、外交部、国土资源部、环境保护部、科技部、交通部、农业部、水利部、公安部、工信部、国家旅游局、国家林业局、国家文物局和海关总署等多个政府部门具有涉及海洋的职能。国务院于 2013 年批准实行的《国家海洋局主要职责内设机构和人员编制规定》理顺了重组后的国家海洋局与主要涉海部门的职责分工。

国家海洋局参与拟订海洋渔业政策、规划和标准，参与双边渔业谈判和履约工作，根据双边渔业协定对共管水域组织实施渔业执法检查，组织和协调与有关国家和地区对口渔业执法机构的海上联合执法检查。海关与中国海警建立情报交换共享机制，海关缉私部门发现的涉及海上走私情报应及时提供给中国海警，中国海警开展海上查缉并反馈查缉情况，按照管辖权限办理案件移交。交通运输部与国家海洋局共同建立海上执法、污染防治等方面的协调配合机制并组织实施。环境保护部与国家海洋局建立海洋生态环境保护数据共享机制，相互向对方提供海洋生态环境管理和环境监测等方面的数据，并加强海洋生态环境保护联合执法检查，对沿海地区各级政府和各涉海部门落实海洋生态环境保护责任情况进行监督检查。

2009 年 9 月，浙江省台州市玉环县，边防大队联合海事、渔政等多家海上执法部门，启动联合执法整治行动，打击海上各类违法犯罪活动，净化海上治安环境和通航环境。

中国海洋管理机构及主要涉海职责

国家海洋委员会

国家海洋局	国家海洋局北海分局 国家海洋局东海分局 国家海洋局南海分局 地方海洋行政主管部门	加强海洋综合管理、生态环境保护和科技创新制度机制建设，推动完善海洋事务统筹规划和综合协调机制；统一管理中国海警队伍；海域使用管理、海洋生态环境保护、海洋科技、海洋国际合作、海洋防灾减灾以及维护国家海洋权益等职责；承担国家海洋委员会的具体工作
国家发改委		审批海洋经济规划等重要涉海规划；提出包括海洋能在内的能源发展战略和重大政策；研究拟订能源发展规划；实施对石油、天然气等行业的管理，指导地方能源发展建设等
外交部		负责贯彻执行国家涉海外交方针政策和有关法律法规，代表国家维护国家主权、安全和利益等
国土资源部		海洋资源的保护和合理利用，加强陆海统筹规划；围填海造地竣工验收后新增土地的用地管理和登记发证等
科学技术部		管理包括海洋科技在内的全国科技事务，促进科技的发展等
环境保护部		对全国海洋环境保护工作实行指导、协调和监督，并负责全国防治陆源污染物和海岸工程建设项目对海洋污染损害的环境保护工作等
交通运输部		负责海运管理、海港管理、海上交通执法监督和海上救助打捞等
农业部		主管包括海洋渔业在内的农业与农村经济发展等
工业和信息化部		对包括海盐在内的食盐行业进行监管，并承担盐业和国家储备盐行政管理等
教育部		负责协调中国有关部门开展与联合国教科文组织在教育、科技、文化等领域国际合作等
国家旅游局		负责包括海洋旅游业在内的旅游业管理等
国家文物局		负责水下文物的登记注册、保护管理以及水下文物的考古勘探和发掘活动的审批等工作
国家林业局		负责沿海湿地及6米高潮线以上红树林保护与管理等项工作

中国海洋管理制度：

《海域使用管理法》
《海洋环境保护法》
《海岛保护法》
《矿产资源法》
《渔业法》
《海上交通安全法》

各部门主要职责内设机构和人员编制规定涉及其他相关法律、法规

地方机构

1989 年中国的海洋管理体制进行了一次改革，地方海洋管理机构陆续成立，开启了地方用海管海的新阶段。地方海洋管理机构设置目前主要有三种模式：海洋与渔业管理相结合模式，单一模式和国土资源管理机构模式。

在全国沿海省、自治区、直辖市和计划单列市中，"海＋渔"的管理模式最为普遍，有 11 个海洋管理机构采用海洋与渔业管理相结合的方式。自北向南分别为：辽宁、大连、山东、青岛、江苏、浙江、宁波、福建、厦门、广东和海南。管理机构名称一般为海洋与渔业厅（局）。地方海洋与渔业厅（局）兼有海洋综合管理与渔业行业管理的两种管理职能，受国家海洋局和农业部渔业局的双重指导。

天津市海洋行政事务由天津市海洋局主管，为市政府职能部门。广西壮族自治区于 2010年成立自治区海洋局，承担自治区原国土资源厅的海洋行政管理（含执法监察）职责。

2009 年 9 月 10 日，上海市政府举行上海市海洋局揭牌仪式，根据上海市新一轮机构改革，上海市海洋局正式与上海市水务局合署办公。

沿海省市海洋管理机构	
沿海省市	海洋管理机构
辽宁省	辽宁省海洋与渔业厅
河北省	河北省国土资源厅（海洋局）
天津市	天津市海洋局
山东省	山东省海洋与渔业厅
江苏省	江苏省海洋与渔业局
上海市	上海市水务局（海洋局）
浙江省	浙江省海洋与渔业局
福建省	福建省海洋与渔业厅
广东省	广东省海洋与渔业局
广西壮族自治区	广西壮族自治区海洋局
海南省	海南省海洋与渔业厅
大连市★	大连市海洋与渔业局
青岛市★	青岛市海洋与渔业局
宁波市★	宁波市海洋与渔业局
厦门市★	厦门市海洋与渔业局
深圳市★	深圳市规划和国土资源委员会（市海洋局）

【注】标★者为计划单列市

　　河北省将地矿、国土和海洋管理职能合并，成立了国土资源厅，其中内设的海洋部门负责海洋综合管理和海上执法工作。深圳市在2011年将该市农业和渔业局（市海洋局）承担的海洋规划、海洋资源管理及海洋环境保护等职责划入市规划和国土资源委员会，市规划和国土资源委员会加挂市海洋局牌子。

　　上海市将与国家海洋局东海分局合并的原上海市海洋局职责划入上海市水务局，上海市海洋局和上海市水务局合署办公。

公众参与

政府部门是海洋管理的核心与执行主体，而公众参与是政府海洋管理的基础，是海洋管理有效性的重要保证。公民参政议政是现代民主政治的必然要求，也是提高公共管理效率的客观需要。公民参与海洋管理是实现海洋管理有效性与科学性的重要保证，是海洋管理问题日趋复杂的必然要求，也是海洋管理公共性的内在要求。有效的管理离不开公众，包括公民、社会团体、企业、非政府组织等在内的海洋实践主体参与到海洋综合管理政策、决策和方案的制定、实施、监督等环节中，进而保护海洋环境、实现海洋资源的可持续利用。

在全世界范围内，特别是在发达沿海国家，公众参与甚至被评价为是海洋综合管理取得成效的最重要基础，众多的私营机构、企业、非政府组织等正在越来越多地参与、管理和推进海洋生态环境的建设。联合国是公众参与海洋管理的倡导者和推动者。为实现海洋可持续发展，《21世纪议程》第17章要求各沿海国所采取的一项重要措施，就是尽可能让有关个人、团体和组织接触有关资料，让他们有机会在适当级别上进行协商和参与规划和决策。欧盟制定的海洋政策鼓励并推动公众参与海洋生态建设，公众参与海洋管理的理念贯穿始终。美国海洋政策的指导原则是，政府必须认识和保护公众的利益，同时公众也必须履行自己的职责，鼓励公众广泛参与海洋管理工作。加拿大海洋战略的核心之一就是公众参与涉及自身利益的海洋问题的决策。

2014年5月，一群"小白鲨"惊现上海街头，呼吁人们拒食鱼翅，为野生动物保护和维护海洋生态环境贡献力量。

近年来，公众参与作为海洋综合管理的一个重要方面，在中国得到了更多的重视，公众参与意识有所提高，实践行动不断增加。1996年颁布的《中国海洋21世纪议程》表明了中国政府坚持海洋可持续发展、实施海洋综合管理必须依靠公众参与的态度。该"议程"明确指出海洋资源、环境的开发利用和保护，单靠政府部门的力量是不够的，还必须有广大公众的参与，这包括教育界、传媒界、科技界、企业界、沿海居民及流动人口的参与。此后，中国颁布的《中国海洋事业的发展》白皮书（1998年）和《中国海洋事业发展规划纲要》（2008年）等纲领性文件都明确了公众参与海洋管理工作的必要性。中国在编制和修改海洋功能区划和开展环境影响评价等诸多领域均鼓励公众参与。例如，2006年出台的《环境影响评价公众参与暂行办法》，详细列明了公众参与环境影响评价的方式、途径与程序。

在实践中，公众参与作为海洋综合管理的一个重要方面，近年来在中国取得了长足的进步和发展。在组织民主参与保护海洋资源和环境方面已经取得了一些进展，如规定了教育界、传媒界、科技界、海上作业人员和生产劳动者的参与、建立了海洋污染监视举报制度、动员沿海群众保护珍稀海洋动植物资源等。同时应该指出，现阶段中国公众参与海洋管理的程度仍然较低，面临较多困难，包括公众参与缺乏更加明细的法律保障，公众参与的综合决策机制尚未建立，参与内容、方式和程序等不够清晰，以及公众自觉参与保护海洋资源和环境的意识仍需增强等。

　　蓝丝带海洋保护协会（Blue Ribbon Ocean Conservation Society; BROCS）是中国首家以海洋环保为主题的民间公益社会团体，于 2007 年 6 月 1 日在海南三亚成立，具有法人地位。蓝丝带协会以海洋环境保护为主题，以促进海洋保护科研为工作目标，宣传贯彻海洋环境保护政策法规，提高全民海洋保护意识，建立相关海洋保护举措，组建志愿者队伍。蓝丝带海洋保护协会愿景：创建海洋保护国际组织，组成全球海洋保护大联盟。

海南省三亚市举行的主题为"保护海洋环境，弘扬海洋文化"的"蓝丝带"海洋保护计划活动。

　　该协会自成立以来，在社会各界的关注和支持下，组织开展了一系列以海洋环保为主题的宣传、教育、科研等活动。目前协会已有会员单位 61 个，捐赠单位 5 个；在海南、广东、上海多所大学建立了"蓝丝带志愿者服务社"，有超过万人的志愿者队伍。组织各类海洋保护宣传活动 300 多次，发放宣传册 20 万册，海洋环保腕带 30 万个，向超过 1000 万公众进行海洋保护的宣传，有近百万次的志愿者参加了蓝丝带海洋保护活动。

向"无缝"体制迈进

海洋开发利用自 20 世纪 70 年代以来进入快速发展时期，各种矛盾开始显现，突出表现在：海洋环境污染状况日趋严重；海洋生物资源呈现衰竭态势；开发利用海洋的各行业、单位和部门之间的矛盾和冲突不断发生；国家间海洋划界和权益之争增加。这些新问题的出现对海洋管理提出了新要求，使海洋综合管理成为必然。海洋综合管理（Integrated Ocean Management）是指国家通过各级政府对国家管辖海域的空间、资源、环境和权益等所开展的全面的、统筹协调的管理活动，是高层次的"无缝"海洋管理形态。

近 20 年来，从联合国到其他涉海国际组织再到各沿海国，纷纷在海洋管理的指导思想上，确立了海洋可持续发展的原则，实施海洋综合管理。例如，美国联邦政府的规划在 20 世纪 70 年代以后开始具备多样化的特点，并通过制定一系列的法律制度，如《深水港法》(1974 年)、《海洋保护、研究和自然保护区法》(1972 年)、《海岸带管理法》(1972 年)、《渔业养护与管理法》(1976 年) 等，运用法律手段协调美国海洋开发、保护和权益活动，实现联邦政府对海洋的全面管理。

海洋综合管理是实现海洋可持续发展的重要保障。《联合国海洋法公约》（以下简称《公约》）和联合国大会有关决议均阐明："海洋空间的各种问题彼此密切相关，有必要作为一个整体，从综合一体、跨学科和跨部门的角度加以考虑"，即进行海洋综

2012年10月，东海舰队联合农业部东海区渔政局、国家海洋局东海分局组织进行"东海协作—2012"军地联合海上维权演习。图为东海舰队拖船使用高压水炮为地方执法船灭火。

合管理。国家海洋管理正在从单一的部门、行业管理向跨部门、跨行业的海洋综合管理转变。传统的针对单一资源类型的专业管理，虽然仍可继续在处理本行业资源利用问题上发挥应有的作用，但难以解决现代多种资源综合开发利用所带来的问题。在此背景下，以协调与整合海洋和海岸带区域资源利用规划及其实施为主旨的综合管理，得到越来越多的沿海国家的重视，不断在世界各地进行示范和推广。为解决不同海洋用途的目标冲突，以及各涉海部门在海洋领域的综合协调问题，美国和俄罗斯等重量级沿海国建立了海洋综合协调机制，从体制机制上保证海洋综合管理的有效开展。其中，美国奥巴马政府于2010年设立海洋事务综合协调机构——国家海洋委员会，负责向总统和政府部门提供海洋政策制订和执行方面的建议，制订国家解决各种海洋问题的战略原则，协调联邦各涉海部门的海洋活动。日本不断完善海洋法律法规体系，并于2007年成立内阁海洋事务综合协调机构——综合海洋政策本部，推进海洋基本计划的制定和实施，协调各涉海机构的海洋活动。俄罗斯于2004年设立了联邦政府海洋委员会，作为海洋行政管理的高层决策协调机构。巴西同样采用高层协调与部门分工相结合的模式，很早就设立了海洋协调结构——部际间海洋资源委员会，负责调整与协调国家海岸带与海洋政策和事务。

中国不断改革体制机制、政策法规规划、海洋执法监察及海洋管理方式，海洋综合管理能力不断提高。坚持可持续发展是中国海洋管理的重要原则之一，中国高度重视海洋资源开发与生态环境保护的关系，努力促进经济社会与生态环境的协调发展。中国国家主席习近平在讲话中指出，经过多年的发展，中国的海洋事业总体上进入了历史上最好的发展时期。这是中国在各项海洋工作，包括海洋管理工作不断取得进步的基础上，充满自信和自豪的总结。海洋综合管理所取得的各项成就为中国建设海洋强国奠定了坚实的基础：海洋规划工作有序开展。海洋国际合作深入推进，国家海洋权益和海洋安全得到有效保障，实现了中国管辖海域的定期巡航执法。海洋科学技术取得重大突破，具有标志性的深海勘探等技术达到或接近世界先进水平，领海、专属经济区和国际海域资源环境与科学调查广泛展开。重点海域环境污染防治措施逐步实施，海洋保护区建设取得重大进展。海洋公益服务和防灾减灾的支撑保障能力显著增强，海域、海岛、海上交通、海洋渔业和海上治安管理取得积极成效。

中国不断完善海洋管理体制，于2013年决定设立国家海洋委员会，并加强了国家海洋局海洋综合管理的职责，加强了国家海洋行政主管部门和其他涉海管理部门之间的协调，初步统一了海上执法队伍。在法律法规方面，中国的海洋法律制度不断完善，

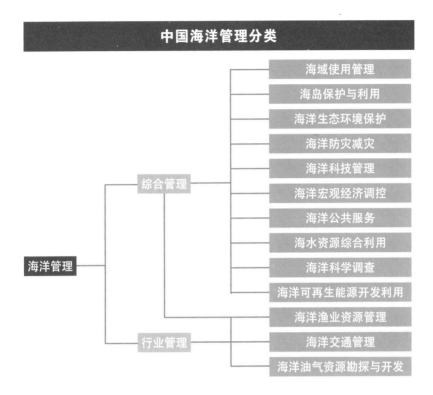

内涵不断扩大，向着更加系统综合的方向发展。《海域使用管理法》《中华人民共和国海洋环境保护法》《中华人民共和国海岛保护法》及《中华人民共和国海上交通安全法》等法规构成了中国开展海洋综合管理的主要依据。《海域使用管理法》确立了三项重要海洋管理制度：海洋功能区划制度、海域使用权属制度以及海域有偿使用制度。

海洋功能区划

海洋功能区划是《海域使用管理法》《海洋环境保护法》和《海岛保护法》等多部法律共同确立、依法管海的基本制度，是各类用海均须遵循的海洋利用总体规划，因而是中国实施海洋综合管理的

海南省加大海洋执法监察力度，规范海洋开发利用秩序。

重要制度保障和途径。海洋功能区划由中国海洋管理部门于1988年提出，目的是科学利用海洋资源，在促进经济发展的同时保护海洋环境资源。《海洋环境保护法》首次以法律的形式界定了海洋功能区划的定义："海洋功能区划，是指依据海洋自然属性和社会属性，以及自然资源和环境特定条件，界定海洋利用的主导功能和使用范畴。" 海洋功能区划是合理开发利用海洋资源、有效保护海洋生态环境的法定依据，在统筹协调行业用海、规范海洋开发秩序方面发挥重要作用。

《海域使用管理法》规定，海域使用必须符合海洋功能区划。养殖、盐业、交通、旅游等行业规划涉及海域使用的，应当符合海洋功能区划。沿海土地利用总体规划、城市规划、港口规划涉及海域使用的，应当与海洋功能区划相衔接。河北等省市在国家和地方功能区划获得批准后出台文件强调，涉海项目建设要符合海洋功能区划，不符合海洋功能区划的，有关部门不得为其办理用海手续。

中国国家海洋局于1998年开展了大比例尺海洋功能区划工作，

并于 2002 年 8 月编制完成中国第一部《全国海洋功能区划》，之后获得国务院批复正式实施。该《区划》于 2010 年到期。近年来，沿海各级政府严格执行《全国海洋功能区划》。在海域使用审批过程中，将项目用海是否符合海洋功能区划作为首要条件进行严格审核把关，对不符合海洋功能区划的用海项目坚决不予批准；对违背海洋功能区划的用海项目，要求申请人依据海洋功能区划另行选址。例如，山东省海洋与渔业厅要求初步选址不符合海洋功能区划的羊口新港、马兰湾大宇船业、荣成成东船厂、黄岛油库等项目另行选址；辽宁、浙江等大部分省市还建立了建设项目预审制度，首先对是否符合海洋功能区划进行审查，通过后才要求海域使用申请者按规定开展论证等前期工作。

2012 年 3 月 3 日，国务院批准了《全国海洋功能区划（2011—

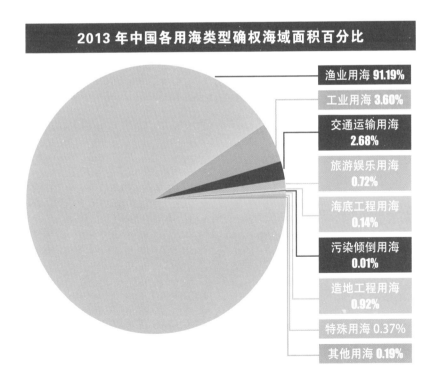

2013 年中国各用海类型确权海域面积百分比

渔业用海 91.19%
工业用海 3.60%
交通运输用海 2.68%
旅游娱乐用海 0.72%
海底工程用海 0.14%
污染倾倒用海 0.01%
造地工程用海 0.92%
特殊用海 0.37%
其他用海 0.19%

2020年）》（以下简称《区划》），这是中国第二部国家级海洋功能区划。该文件明确要求：海洋功能区划是合理开发利用海洋资源、有效保护海洋生态环境的法定依据，必须严格执行；国家海洋局负责会同有关部门落实实施《区划》的各项保障措施，对《区划》执行情况进行跟踪评估和监督检查。《区划》对管辖海域未来十年的开发利用和环境保护做出了全面部署和总体安排，是开展海域管理和海洋环境保护的重要依据，是把握项目用海准入的第一关。

同年，国务院正式批准根据《区划》制定的11个沿海省、自治区、直辖市海洋功能区划（2011—2020年）。沿海市县级海洋功能区划编制和报批工作于2013年全面启动。在海域管理中，省级海洋功能区划是县级以上各级人民政府审批项目用海的主要依据，在所有项目用海审查过程中，都必须严格比对当地省级海洋功能区划。

《区划》范围涵盖中国的内水、领海、毗连区、专属经济区、大陆架等管辖海域。《区划》提出了"在发展中保护、在保护中发展"的指导原则。《区划》将中国全部管辖海域划分为农渔业、港口航运、工业与城镇用海、矿产与能源、旅游休闲娱乐、海洋保护、特殊利用、保留等八类海洋功能区。《区划》基于自然条件和经济社会发展需求，确定了渤海、黄海、东海、南海及台湾以东海域等海区的总体管控要求和发展方向。

渤海海域：特点为水交换能力差、开发利用强度大、环境污染和水生生物资源衰竭问题突出。《区划》提出了两个"最严格"的管理政策，即最严格的围填海管理与控制政策和最严格的环境保护政策。

黄海海域：特点为基岩港湾众多、海岸地貌景观多样、沙滩绵长、淤涨型滩涂辽阔、海洋生态系统多样。《区划》提出要优化利用深水港湾资源、稳定传统养殖用海面积、建设现代化海洋牧场、高效利用淤涨型滩涂资源。

东海海域：特点为港湾和岛屿众多、滨海湿地资源丰富、生态

山东省东营市的黄河入海口湿地保护区是候鸟较为集中的生活繁衍地区之一。图为迁徙季节到来，一群丹顶鹤在保护区空中飞翔。

系统多样性显著、油气和矿产资源富集。《区划》提出要发展国际化大型港口和临港产业、限制海湾内填海和填海连岛、加强大陆架油气矿产资源勘探开发等。

南海海域：特点为战略地位突出、热带生态系统发达、矿产资源丰富。《区划》提出要推进大陆和岛屿维权基地建设、加强重要海岛基础设施建设、推进南海海洋资源开发和利用。

海域使用管理

海域使用管理是指国家根据国民经济和社会发展的需要，依据海域的资源与环境条件，对海域的分配、使用、整治和保护等过程和行为所进行的决策、组织、控制和监督等一系列工作。为实现海域利用有序、有度、有偿，中国建立了以《海域使用管理法》为核心的海域管理法律法规体系，管理制度不断完善。该法是中国颁布的第一部规范海域资源开发利用、全面调整海域权属关系的全国性法律，标志着中国海域使用进入依法管理的轨道。该法中的"海域"是指中华人民共和国内水、领海的水面、水体、海床和底土。

《海域使用管理法》明确了海域属于国家所有的性质，不同于土地分为国家所有和集体所有。该法确立了海洋功能区划、海域权属管理和海域有偿使用等三项制度。根据《海域使用管理法》，海域属于国家所有，国务院代表国家行使海域所有权。单位和个人使用海域，要符合海洋功能区划，而且必须依法取得海域使用权。国家建立海域使用权登记制度，依法登记的海域使用权受法律保护。单位和个人使用海域，应当按照国务院的规定缴纳海域使用金。国家海洋局是海域开发利用的主管部门。《海域使用管理法》的有效实施，彻底扭转了海域使用中长期存在的"无序、无度、无偿"局面，有效维护了国家海域所有权和海域使用权人的合法权益，为沿海地区国民经济平稳较快发展提供了强有力的用海保障。截至2013年底，全国累计颁发海域使用权证书6万多本，确权海域面积近240

中国海监执法人员正在浙江省舟山市一家船舶企业检查有关海域使用管理制度执行情况。

2010 年 12 月 22 日，东西横跨青岛胶州湾的海湾大桥顺利实现合龙贯通。

万公顷，累计征收海域使用金超过 500 亿元。2013 年，全国共发放海域使用权证书 3937 本，新增确权海域面积 354979.33 公顷，征收海域使用金 108.92 万元 。

围填海管理

围填海管理是中国海域使用管理的重点领域之一，受到社会公众的广泛关注。中国在近年来的快速发展过程中实行土地宏观调控，严格控制建设规模，沿海各地因而把发展的目光转向海洋，致使围填海活动呈现速度快、面积大、范围广的发展态势，而且从传统的农业围垦迅速转变为建设用围填海。大型的围填海项目在带来经济效益的同时，也带来了生态退化、环境恶化、资源衰退、海洋灾害加剧等多方面的问题，无序的围填海还在一些地方引起利益冲突、社会矛盾，成为不安定因素 。围填海管理涉及到妥善处理保护环境和保障发展两者之间的关系。中国管理围填海的基本思路是总量控制、适度开发、严格管理。中国实行严格执行围填海计划政策，重点保障基础设施、产业政策鼓励发展的项目和民生领域的用海需求。针对这些问题，中国采取了一系列措施，大力加强围填海管理，严格控制围填海规模。

中国严格执行围填海规划和年度计划管理制度，自 2010 年开始将围填海纳入国民经济和社会发展计划。中国于 2006 年首次制定了全国性的围填海规划，在局部开展规划试点，将近岸海域划分为禁止围填区、限制围填区、适度围填区、围填供给区等四种功能区域，并制定沿海各地的围填海总量控制指标，规定围填海工程必须举行听证会。

中国于 2010 年建立围填海年度计划管理制度，对年度围填海规模实行指令性计划管理。根据《围填海计划管理办法》（2011年制定）等有关规定，围填海活动必须纳入围填海计划管理，围填海计划指标实行指令性管理，不得擅自突破。计划年度内未安排使用的围填海计划指标作废，不得跨年度转用。而且，有关部门还完善了围填海审批制度，加强围填海项目事前、事中、事后的全过程监管。围填海年度计划是根据国家宏观调控政策、海洋资源承载能力和沿海地区年度发展需求确定的，抑制了围填海规模过快增长势头。自 2011 年至 2013 年，全国下达的年度建设用围填海计划指标均控制在 20000 公顷左右，实际安排围填海规模均未超出计划指标。

同时，中国加强用海管理和用地管理衔接。国家海洋局与国土

2011—2013 中国建设用围填海计划指标执行情况		
年度	围填海计划指标（公顷）	实际安排围填海规模（公顷）
2011	20000	19409.34
2012	19422.73	8868.54
2013	21500	18382.47

资源部联合下发《关于加强围填海造地管理有关问题的通知》，提出了区划规划衔接、计划衔接、项目审查、供地方式、调查登记和监督检查等一系列政策措施，解决了围填海造地管理中用海管理和用地管理衔接的问题。

中国进一步控制围填海规模。全国海洋功能区划是审批填海造地项目用海的基本依据。《全国海洋功能区划（2011—2020年）》提出的目标之一即是合理控制围填海规模，要求"严格实施围填海年度计划制度，遏制围填海增长过快的趋势。围填海控制面积符合国民经济宏观调控总体要求和海洋生态环境承载能力"的目标。中国现行围填海造地管理制度仍存在一些问题，主要体现在：缺少针对围填海造地管理的专门法律，相关制度不能满足围填海造地管理的现实需要，围填海损害海洋环境等。

秦皇岛港位于渤海沿岸，是中国北方著名的天然不冻港，是世界第一大能源输出港。该港是中国"北煤南运"大通道的主枢纽港，也是中国东北、华北两大经济区的重要对外商贸港，设计通过能力在2亿吨以上。其经济效益除了港口直接的运输效益外，还对秦皇岛港临港经济区形成和发展具有决定性的作用。

秦皇岛港占有11.7千米海岸线，其码头、堆场多为1978年以来围填海造地形成。1978年以来增加的码头长度6788米，增加生产性泊位27个，增加靠泊能力111.3万吨，增加年吞吐能力10353万吨。其中，1978年以来通过回填秦皇岛湾等海域建成的库场面积111.27公顷，库场总容量增加510.82万吨。1978—2007年，秦皇岛港围填海造地面积达702.74公顷。

秦皇岛港围填海扩建在带来巨大经济效益的同时，对周边生态环境产生了较大的影响，破坏了自然岸线，使自然海滩数量减少、质量退化。

为了适应船舶的停泊和货物堆放，秦皇岛港占用的11.7千

秦皇岛港码头

米岸线的天然海滩被码头、货场和港池所替代，曲折迂回形成约38.37千米人工岸线。

　　天然沙滩被改变成为人工地貌，城市生活岸线显著减少。平缓渐变沙质海滩变为陡坎深水的人工港池；同时，凸进向海上百米的工程改变了近岸海水流场，近岸泥沙流重新分配，使周围海滩产生总体侵蚀的趋势。经1978年、2006年卫星影像对比分析，可以发现秦皇岛港周边岸线均存在不同程度的岸线侵蚀。

海洋环境管理

　　2011年3月12日，日本福岛核电站在地震和海啸中受损并发生严重核泄漏。事故发生后，中国国家海洋局迅速组织各级海洋行政主管部门对中国管辖海域开展了核辐射应急监测工作，制订海洋放射性监测预警计划等多项措施进行应对。

　　为了解日本福岛核泄漏事故对日本以东海域海洋核污染的状

况，分析评估其对中国管辖海域及附近大洋海洋环境的可能影响，国家海洋局在事故发生后至今每年均组织实施西太平洋海洋环境放射性物质监测活动。鉴于日本福岛核电站对西太平洋造成的长期影响，在"十二五"期间（2011—2015 年），在相关海域开展针对日本核泄漏的跟踪监测与评价工作，将成为国家海洋局海洋环境保护工作的重要任务之一。

2013 年的最新监测结果显示，福岛核泄漏事故显著影响日本福岛以东及东南方向的西太平洋海域，放射性污染范围进一步扩大，海水和海洋生物受到显著影响。海水中的铯 –134 等放射性污染物已扩散至台湾岛东南方向的公海海域。鱿鱼（巴特柔鱼）样品中依然检出日本福岛核事故特征核素银 –100m 和铯 –134，且平均活度较 2012 年有所上升。

海洋环境管理是以政府为核心主体的涉海公共组织为协调社会发展与海洋环境的关系、保持海洋环境的自然平衡与可持续利用，综合运用各种手段，依法对影响海洋环境的各种行为进行的调节和控制活动。中国的海洋环境管理实行重点海域污染物总量控制制度、海上排污收费制度、海上倾废许可制度以及海洋工程建设项目"三同时"制度等。

在管理体制方面，海洋环境管理涉及中国环境保护部、国家海洋局、海事局和渔业局等多个部门。中国环境保护部对全国海洋环境保护工作实施指导、协调和监

2011 年 3 月，山东省青岛市政府应急办公室通过网络群发短信告知日本核泄漏目前不会影响中国，市民不必恐慌。

督，并负责全国防治陆源污染物和海岸工程建设项目对海洋污染损害的环境保护工作。国家海洋局负责海洋生态环境保护方面的规章制度建设、执法检查、环境调查、监测、科研、海洋生态修复、海洋生物多样性保护、海洋生态损害国家索赔，以及组织开展海洋领域应对气候变化等。全国防治海洋工程建设项目污染海洋环境和海洋倾倒废弃物管理工作亦由国家海洋局负责。国家海洋局内设生态环境保护司。农业部渔业局负责渔业船舶污染海洋环境的监督管理，以及渔业水域生态环境工作。海事部门负责非军事船舶污染海洋环境的监督管理，以及这些船舶造成的污染事故的调查处理。

　　为适应海洋环境保护工作的发展变化，中国不断调整海洋环境管理的机制和制度。在机制上，从各自为政的单一海洋环境保护模式向多方合作参与、各尽其责的海洋环境保护新机制转变。国家海洋局与环境保护部建立了合作机制，于2010年签署框架协议，着手建立完善海洋环境保护沟通合作工作机制，被称为"海洋环保统一战线"，标志着陆海统筹保护海洋环境的新局面正在形成。国务院在重组国家海洋局的文件中明确要求，两部门加强重、特大环境污染和生态破坏事件调查处理工作的沟通协调，建立海洋生态环境保护数据共享

广东省环境辐射监测中心的辐射环境自动监测站

在靠满各类石油平台、船舶的胜利石油码头港池，溢油回收队员驾驶冲锋舟穿梭往返巡视。

机制，加强海洋生态环境保护联合执法检查。

国家海洋和环保等相关部门联动处理海洋污染事故的机制突出表现在对蓬莱19-3油田溢油事故处理上。2011年6月4日以来，美国康菲石油（中国）有限公司开发的渤海蓬莱19-3油田连续发生溢油事故，给渤海海洋生态和渔业生产造成严重影响。根据法律赋予的职责，国家海洋局依法对蓬莱19-3油田溢油应急处置实施监督监管和监视监测，联合相关部门成立事故调查组。

为保障渤海海洋生态环境安全，促进海洋油气产业健康可持续发展，根据《中华人民共和国海洋环境保护法》《防治海洋工程建设项目污染损害海洋环境管理条例》等法律法规，2011年7月13日，国家海洋局责令康菲石油中国有限公司立即停止蓬莱19-3油田B，C平台的油气生产作业活动，要求康菲石油中国有限公司将有关溢油事故信息及时向国家海洋局报告并向社会公布。在溢油源未切断、溢油风险未消除前不得恢复作业。

为彻底查明污染事故发生原因及污染损害等情况，国家海洋局牵头成立了蓬莱19-3油田溢油事故联合调查组，国土资源部、环

"蓬莱19—3油田溢油事故"给当地养虾户造成巨大损失。图为河北省唐山乐亭县，虾塘里工人在下网，虾塘里一片寂静。

境保护部、交通运输部、农业部、国家安全监督总局、国家能源局等部门为联合调查组成员。联合调查组组成部门各自按职责加大监管力度、加强协调配合以及信息共享沟通。2011年8月19日，联合调查组听取了康菲公司、中海油总公司事故处置情况的汇报，就溢油事故原因及处置工作开展等问题进行了询问，对溢油处置工作提出了要求。

在环境管理布局方面，中国从污染控制向污染控制与生态建设并重转变，由单纯的环境管理向环境管理加公共服务转变，由被动应对生态破坏向主动预防和建设转变。到2010年底，中国已建成各级各类海洋保护区221处，其中海洋自然保护区157处，海洋特别保护区64处，总面积330多万公顷（含部分陆域）。《全国海洋功能区划（2011–2020）》提出，到2020年中国海洋保护区总面积达到管辖海域面积的5%以上，近岸海域海洋保护区面积占到11%以上。

海岛管理

2011 年 4 月 12 日，中国国家海洋局联合辽宁、山东、江苏、浙江、福建、广东、广西、海南等八省（区）海洋厅（局），在人民大会堂召开新闻发布会，向社会公布了首批 176 个可开发利用无居民海岛名录。

无居民海岛使用确权登记工作全面启动。浙江、广东、海南省被确认为全国无居民海岛使用确权审批试点单位；沿海各省启动了《海岛保护法》生效前已用岛活动的确权登记工作。2012 年，全国共批准了 7 个无居民海岛使用项目，其中福建省 3 个，广东省 2 个，山东省和海南省各批准了本省首个无居民海岛使用项目。全国首个无居民海岛使用权证颁发给浙江宁波龙港实业有限公司。浙江省象山县大洋屿岛成为全国首个以市场拍卖方式出让使用权的海岛，"岛主"杨伟华于 2013 年收到《中华人民共和国无居民海岛使用临时证书》，意味着该岛可进入动工建设阶段。

中国海岛管理实行科学规划、保护优先、合理开发、永续利用的原则。国家海洋局负责起草海岛保护方面的法律法规和规章，会同有关部门组织拟订并监督实施海岛保护及无居民海岛开发利用等规划，海岛保护执法检查。国家海洋局负责组织拟订海岛保护及无居民海岛开发利用管理制度并监督实施，按规定负责中国陆地海岸带以外海域、无居民海岛、海底地形地名管理工作，制定领海基点等特殊用途海岛保护管理办法并监督实施。

中国实行海岛保护规划制度。海岛保护规划是从事海岛保护、利用活动的依据。全国海岛保护规划应当与全国城镇体系规划和全国土地利用总体规划相衔接。中国于 2012 年 4 月发布《全国海岛保护规划》（以下简称《规划》），实施期限为 2011—2020 年，展望到 2030 年。《规划》是引导全社会保护和合理利用海岛资源的

2011 年 11 月 11 日，中国首个无居民海岛——浙江省宁波市象山县大羊屿海岛使用权以 2000 万元被宁波高宝投资有限公司成功拍得。

纲领性文件，是从事海岛保护、利用活动的依据。2012 年 2 月 29 日，国务院在对《全国海岛保护规划》的正式批复中，明确要求："沿海各省、自治区、直辖市人民政府要依据《规划》确定的目标和要求，组织制定省级海岛保护规划。加强无居民海岛使用权登记发证管理，对不符合规划的已用海岛项目要提出停工、拆除、迁址或关闭的时间要求，新建工程项目必须符合海岛保护规划，严格规范海岛开发利用秩序。"

中国加强海岛分类分区管理，根据岛屿的不同自然条件进行"区别对待"。在海岛开发利用的过程中，强调因岛、因地制宜，根据各个海岛的实际情况，采取有针对性的对策措施，科学选择开发利用模式，合理利用海岛资源。在海岛分类保护中，中国严格保护领海基点所在海岛、国防用途海岛、海洋自然保护区内的海岛等特殊用途海岛，加强有居民海岛生态保护，适度利用无居民海岛。

中国无居民海岛管理的原则为优先保护、适度利用，实行无居民海岛国家所有及有偿使用制度。无居民海岛属于国家所有，国务院代表国家行使无居民海岛所有权。国家海洋局负责全国无居民海岛保护和开发利用的管理工作。沿海县级以上地方人民政府海洋主管部门负责本行政区域内无居民海岛保护和开发利用管理的有关工作。法律规定，未经批准利用的无居民海岛，应当维持现状；禁止采石、挖海砂、采伐林木以及进行生产、建设、旅游等活动。可利用无居民海岛的开发利用活动，应当遵守可利用无居民海岛保护和利用规划，并应当向省、自治区、直辖市人民政府海洋主管部门提出申请。申请单位和个人应提交项目论证报告、开发利用具体方案等申请文件，由海洋主管部门组织有关部门和专家审查，提出审查意见，报省、自治区、直辖市人民政府审批。根据国家海洋局《无居民海岛使用申请审批试行办法》（2011年），八种类型的无居民海岛使用由国务院审批：造成海岛消失的用岛；实体填海连岛工程项目用岛；探矿、采矿及经营土石等开采活动用岛；涉及国家领海基点、国防用途和海洋权益的用岛；涉及国家级海洋自然保护区和特别保护区的用岛等。

海洋渔业资源管理

中国是世界渔业资源利用大国。为可持续利用海洋渔业资源，中国通过实行捕捞许可、伏季休渔等制度控制捕捞强度。中国陆续制定了以《中华人民共和国渔业法》（2013年修改）和《中华人民共和国渔业法实施细则》（1987年）为主的一系列法规，作为中国海洋渔业资源管理的基本依据。

国家对捕捞业实行捕捞许可制度。从事外海、远洋捕捞业的，由经营者提出申请，经省、自治区、直辖市人民政府渔业行政主管部门审核后，报国务院渔业行政主管部门批准。从事外海生产的渔船，必须按照批准的海域和渔期作业，不允许擅自进入近海捕捞。根据 2013 年 12 月修订的《渔业法》，海洋大型拖网、围网作业的捕捞许可证，由省级政府渔业主管部门批准发放。捕捞许可证发放的具体办法由沿海省级政府规定。对于外国人、外国渔业船舶进入中华人民共和国管辖水域，从事渔业生产或者渔业资源调查活动，《渔业法》明确规定，此类活动必须经国务院有关主管部门批准，并遵守该法和中国其他有关法律、法规的规定。

中国采取多种措施养护渔业资源。《渔业法实施细则》明确规定，县级以上人民政府渔业行政主管部门应在重要鱼、虾、蟹、贝、藻类，以及其他重要水生生物的产卵场、索饵场、越冬场和洄游通道，规定禁渔区和禁渔期，规定禁止使用或者限制使用的渔具和捕捞方法，规定最小网目尺寸，以及制定其他保护渔业资源的措施。禁止使用炸鱼、毒鱼、电鱼等破坏渔业资源的方法进行捕捞。2013 年，针对部分地区存在的"绝户网"等违规捕捞网具破坏渔业资源的突出问题，为严厉打击使用各类违规渔具非法捕捞行为，切实加强渔业资源保护，农业部于该年 8 月部署开展为期一个月的清理整治违规渔具专项行动。2013 年 9 月，发布《农业部关于实施海洋捕捞网具最小网目尺寸制度并公布禁用渔具目录的通告》，决定自 2015 年 1 月 1 日起，全面实施新的海洋捕捞网具最小网目尺寸制度，并禁止使用双船单片多囊拖网等 13 种渔具。

为保护海洋生物资源，中国自 1995 年起在黄海、东海和南海三大海区实行两个月至三个月的海洋伏季休渔制度。南海休渔海域为北纬 12 度以北的南海（含北部湾）海域。2008 年之前，休渔时间为每年的 6 月 1 日 12 时至 8 月 1 日 12 时；自 2009 年开始，南海伏季休渔期延长半个月，休渔时间更改为 5 月 16 日 12 时至 8 月 1 日 12 时。休渔期间，在北纬 12 度以北至"闽粤海域交界线"的南海海域（含北部湾），除单层刺网、钓业外，禁止其他所有作业类型生产。黄岩岛海域位于中沙群岛海域，位于北纬 15 度以北，处于休渔制度的控制范围。

中国严格控制近海捕捞强度。连续实施的休渔制度对减缓捕捞强度，遏制渔业资源衰退发挥了重要作用，获得了良好的生态和经济效益。但是，海洋渔业资源管理仍面临渔业资源加速衰竭等挑战，需要尽快突破现有的以投入管理为主的管理模式，采用投入管理和产出管理相结合的方式。为此，国务院于 2013 年 6 月发布《国务院关于促进海洋渔业持续健康发展的若干意见》，要求严格控制近海捕捞强度。在加强海洋渔业资源和生态环境保护方面，该《意见》提出，要全面开展渔业资源调查，科学确定可捕捞量，研究制定渔业资源利用规划，每五年开展一次渔业资源全面调查；大力加强渔业资源保护，开展近海捕捞限额试点。

中国农业部于 2013 年 8 月 5 日部署开展清理整治违规渔具专项行动。此次专项行动为期一个月，通过对海洋捕捞渔具进行全面清理整治，取缔"绝户网"和"迷魂阵"等违规渔具，严厉打击大范围、群体性、普遍性的使用违规渔具捕捞行为。各沿海省市积极

2014 年 6 月 1 日起，中国黄渤海、东海部分海域为期 3 个月的伏季休渔期正式开始。

响应，采取严密的组织方式、有力的打击措施、严格的监管手段，组织开展清理整治违规渔具专项行动。

福建省是捕捞大省，有捕捞渔船 2.6 万艘，且生计型的小型渔船居多，管理起来非常困难。在近海渔业资源衰退的情况下，有些渔民擅自改装网具，网目尺寸不符合规定，对渔业资源造成了破坏。早在 2006 年，福建省就将"迷魂网"和"拦截插网陷阱"列为禁用渔具。长期以来，渔具渔法的执法任务主要是打击炸、毒、电鱼行为，以及整治陷阱网、畚箕网等渔具，维护渔业生产秩序，保护渔业资源。

山东省海洋与渔业厅在制定的清理整顿违规渔具专项整治行动的实施方案中，按照渔业法规的规定，确定了对违规渔具的较为严格的处置原则：使用炸鱼、毒鱼、电鱼等破坏渔业资源方法进行捕捞的，处 5 万元以下的罚款，并没收渔具；使用小于最小网目尺寸的网具或者渔获物中幼鱼超过规定比例的，没收其渔获物和违法所得，处五万元以下的罚款；使用禁用渔具渔法或者使用小于最小网目尺寸的网具的，根据其违规情节扣减 2013 年度燃油补贴。

2014 年浙江省台州市大陈岛，建成离岸型智能化深水网箱养殖示范基地。

海南省海口市新港码头停泊了众多回港休整的渔船。

辽宁省海洋与渔业厅在为期 1 个月的清理整治违规渔具专项行动中，采取了海陆联合执法检查等措施，累计开展专项执法行动 247 次，共出动检查车辆 1243 台（次）、船艇 490 艘（次）、出动检查人员 3633 人（次）、查处违规渔具 48460 米（杆），严厉打击了使用违规网具的行为。

遵守"海洋宪章"

人类对海洋进行的管理虽然已有较长的历史，但现代海洋管理是在第三次联合国海洋法会议（1973—1982 年）之后发展起来的，是管理学门类中最年轻的领域之一，但发展迅速。由于海洋的整体性和流动性，以联合国为代表的国际社会高度重视海洋的全球治理，并不断推动各沿海国实施海洋综合管理。中国在不断加强国内海洋综合管理的同时，积极参与国际海洋管理进程。

《公约》极大地推动了海洋管理在全球范围内快速发展。1982 年 12 月 10 日在第三次联合国海洋法会议上通过后，《公约》于 1994 年 11 月 16 日正式生效。截至 2013 年 9 月，已有 166 个国家（包括欧盟）加入《公约》，使《公约》获得广泛的参与，成为名副其实的"海洋宪章"。

《公约》对于推动海洋管理具有划时代的意义，它首次为合理管理海洋资源及为子孙后代保护海洋资源提供了一个通用的法律框架。《公约》确定了内水、领海、毗连区、群岛水域、用于国际航行的海峡、专属经济区、大陆架、公海和国际海底区域等海域的法律地位和制度，规定了资源开发、环境保护、船舶航行和海洋科学研究等方面的原则和规则。

《公约》对沿海国在其内水、领海、毗连区、专属经济区和大陆架上的权益以及国际海底区域等的权益做了专门规定。《公约》扩大了沿海国的管辖海域范围，将领海、毗连区、专属经济

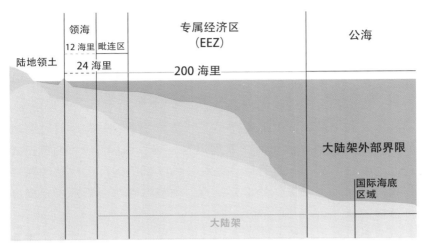

领海
12 海里 毗连区
陆地领土
24 海里

专属经济区
（EEZ）
200 海里

公海

大陆架外部界限

国际海底
区域

大陆架

《公约》所规定的不同海洋区域示意图

区和大陆架均纳入沿海国的管辖范围，使沿海国的管理措施获得用武之地。

以《公约》为代表的国际海洋管理制度建立后，世界各沿海国都在此基础上进一步建立和完善国家海洋管理制度。海洋管理的范围已由近海扩展到大洋，由一国扩展到全球合作；管理内容由各种开发利用活动扩展到关注生态系统；管理方式和手段在强调利用法律手段的同时，培训和宣传教育等方式受到更多重视。

自《公约》制定以来，联合国对国际海洋事务越来越重视，发挥全球海洋事务协调者的重要作用，不断推动海洋全球治理。1992 年，联合国环境与发展大会通过《21 世纪议程》，特别强调海洋综合管理的重要性，在第 17 章中专门对海洋管理进行了展望。1993 年第 48 届联合国大会通过决议，敦促沿海国将海洋综合管理列入国家发展议程，号召沿海国家改变部门分散管理方式，建立多部门合作，社会各界广泛参与的海洋综合管理制度。2002 年世界可持续发展首脑会议通过的《约翰内斯堡实施计划》，要求世界各国"到 2010 年采用基于生态系的管理方法"和"在国家层面推进海洋综合管理，鼓励并帮助各国制订海洋政策和建立海洋综合管理机制"。在 2012 年召开的联合国环境与发展大会 20 周年大会上，海洋综合管理是会议重要议题。为了依据《公约》协调各国海洋利益，联合国成立了国际海底管理局、国际海洋法法庭、大陆架界限委员会等一系列专门海洋机构，实施日趋严格、规范的海洋资源管理。

《公约》是调节世界海洋事务的法律基础，是海洋管理领域的巨大制度创新，推动海洋管理迅速发展。中国于 1996 年正式批准《公约》后，一贯将以《公约》为基础的国际海洋法律秩序作为对内对外涉海工作的重要依据，推动海洋综合管理以及海洋可持续发展。

中国根据《公约》制定并实施《中华人民共和国领海及毗连区法》（1992 年）和《中华人民共和国专属经济区和大陆架法》（1998 年）等法规，将内水、领海、毗连区、专属经济区和大陆架制度转化为国内法。中国还对《海洋环境保护法》、《渔业法》等涉海法律法规进行了修订，注重协调渔业发展、交通运输、矿产资源开发等行业在用海之间的矛盾，随着《海域使用管理法》和《海岛保护法》等重要法规的制定实施，中国的海洋综合管理能力不断提升。

联合国环境与发展会议于 1992 年通过的《21 世纪议程》，已成为海洋管理领域的重要"软法"。《21 世纪议程》第 17 章"保护大洋和各种海洋，包括封闭和半封闭海以及沿海区，并保护、合理利用和开发其生物资源"，涵盖了海岸带和海洋综合管理、环境保护及海洋生物资源等方面。第 17 章直至目前仍是海洋方面实现可持续发展的基本行动方案。

中国政府于 1996 年颁布了《中国海洋 21 世纪议程》，作为中国海洋可持续开发利用的政策指南，表明中国政府坚持海洋可持续发展、实施海洋综合管理的态度。《中国海洋 21 世纪议程》阐明了海洋可持续发展的战略对策和主要行动领域，涉及海洋各领域的可持续开发利用、海洋综合管理、海洋环境保护、海洋防灾减灾、国际海洋事务以及公众参与等内容。中国还先后发布实施《国家海洋事业发展规划纲要（2006—2010年）》及《国家海洋事业发展"十二五"规划》等重要纲领性文件，统筹规划中国海洋管理的各项工作。

融入"全球大家庭"

中国积极参与极地事务

中国积极开展极地科学考察和研究，参与南北极事务。1985年以来，中国派代表团出席了历届南极条约协商国会议和历届南极研究科学委员会会议。中国于 2006 年加入《南极海洋生物资源养护公约》，每年参加南极海洋生物资源养护委员会的相关会议。中国于 1996 年还派代表团出席了国际北极科学委员会会议，并被接纳为正式成员国。2013 年，中国成为北极理事会的正式观察员国。

中国在南极建立了长城（1985 年）、中山（1989 年）、昆仑（2009 年）三个科学考察站，在北极建立了黄河科学考察站（2004 年）。中国于 1984—2013 年期间组织了 29 次南极科学考察活动，于 1999—2012 年组织了五次北极科学考察。

世界海洋是一个整体，研究、开发和保护海洋需要世界各国的共同参与。中国一贯主张和平利用海洋，合作开发和保护海洋。中国积极参与国际和地区海洋事务，推动海洋领域的合作与交流。中国积极参与联合国及相关国际机构的全球海洋治理工作，参加全球海洋研究、海洋环境保护、国际海底资源开发与管理、极地和极区海洋考察研究的国际合作。中国相继加入了联合国教科文组织政府间海洋学委员会、海洋研究科学委员会、海洋气象

中国南极昆仑站

委员会、国际海事组织、联合国粮农组织等国际组织，并与众多国家在海洋事务方面开展了广泛的合作与交流。

中国参加了《公约》历届缔约国大会，并参加了《公约》设立的所有重要的国际海洋机构的工作。中国先后有三位海洋法专家当选为国际海洋法法庭法官，在大陆架界限委员会、国际海底管理局法律和技术委员会和财务委员会等机构，都有中国的委员自始参与其工作。

中国高度重视开展周边海洋合作，开展了务实且富有成效的双边和多边合作。中国政府于 2012 年制订实施《南海及其周边海洋国际合作框架计划（2011—2015 年）》，大力推动周边海洋外交工作，积极发展与周边国家在海洋领域的务实合作，取得了显著成果。国家海洋局与印尼、泰国、马来西亚、柬埔寨、韩国、斯里兰卡、印度等国家海洋部门签署了双边海洋领域合作协议，成立双边海洋合作联委会，建立稳定的合作机制。

2013 年，中国国家海洋局局长刘赐贵先后随同习近平主席、

中国签署的政府间海洋合作协议或备忘录主要情况	
名称	签订时间
中国国家海洋局和韩国海洋水产部海洋科学技术合作谅解备忘录	2013 年 6 月续签
中国与南非政府间海洋领域合作谅解备忘录	2013 年
中国国家海洋局与巴基斯坦科技部海洋科技合作谅解备忘录	2013 年 5 月
中国与泰国海洋领域合作五年规划	2013 年
中国与越南北部湾海洋与海岛综合环境管理的合作协议	2013 年
中国国家海洋局与桑给巴尔畜牧与渔业部海洋领域合作谅解备忘录	2013 年 5 月
中国与印尼政府间科技合作谅解备忘录	2011 年 12 月
中国国家海洋局与泰王国自然资源与环境部关于海洋领域合作的谅解备忘录	2011 年 12 月
中国政府与马来西亚政府海洋科技合作协议	2009 年 6 月
中国国家海洋局和印尼共和国海洋渔业部海洋领域合作谅解备忘录	2007 年 11 月

李克强总理出访南非、巴基斯坦。习近平主席访问南非期间，在两国元首见证下，签署了《中国与南非政府间海洋领域合作谅解备忘录》，这是中国与首个非洲国家签署海洋合作文件，开启了中非海洋合作的序幕，进一步拓展了海洋合作范围。

《南海及其周边海洋国际合作框架计划》的全面实施，获得周边国家高度评价，推动了国际合作的深入，赢得了众多的合作伙伴。特别是中国政府在该框架下设立的海洋奖学金吸引了许多发展中国家青年学者申请。2013 年首批培养院校是厦门大学、浙江大学、中国海洋大学和同济大学 4 所高校。该奖学金的设立有助于为发展中国家培养海洋技术和管理人才，有助于中国与周边区域的务实合作，构建长期稳定的友好合作关系。

　　1999 年起，联合国发起了"海洋事务和海洋法非正式磋商进程"，每年就国际社会普遍关心的海洋法问题进行讨论，以便利联合国大会对海洋法议题的审议。海洋管理问题是多数协商进程会议的重点议题之一，海洋综合管理和生态系统方法得到非正式协商进程的广泛认可。中国派出代表团参加了"进程"的历次会议，在海洋科研、海事安全、公海渔业、国家管辖范围外海域生物多样性等问题上系统阐述了中国主张，对"进程"施加了积极影响。

2014 年 8 月 14 日，"落实《南海各方行为宣言》精神，构建南海区域合作机制国际研讨会"在海南海口召开。

2014 年 4 月，代号为"海上合作—2014"的多国海上联合演习在青岛东南海域举行。

　　中国积极参加多边渔业事务，为公海渔业资源的养护和管理做出了自己的贡献。中国代表团积极参与了大西洋金枪鱼委员会、印度洋金枪鱼委员会、中西部太平洋渔业委员会、美洲间热带金枪鱼委员会、国际捕鲸委员会等区域性和全球性渔业养护管理组织。

　　中国的海洋综合管理体系进一步完善，海洋综合管理能力进一步提升。随着中国海洋委员会的设立和国家海洋局的重组，中国逐步形成海洋开发和管理的综合决策机制，完善海洋开发和管理的协调工作。中国实施海洋功能区划制度，并完善海洋综合管理法律法规，初步统一了海上执法队伍。中国根据可持续发展的原则，加强各类海洋开发活动的协调，严格控制围填海规模，加强海洋生态环境和海岛保护，养护渔业资源。中国以国际海洋法为海洋管理的重要基础，积极参与全球海洋事务，推动海洋领域的合作与交流，为促进海洋的全球治理和周边海洋的安全稳定作出重要贡献。

海洋世界的国家利益
——中国的海洋执法

海洋执法是现代海洋管理的重要手段和工具，也是海洋综合管理能力的重要体现。1982 年《联合国海洋法公约》正式生效后，海洋权益在国家权益中的地位受到重视。为了维护海洋权益，各国纷纷加强海上执法力量建设，强化海洋行政执法管理，提高执法效能。

一个国家的海上执法队伍，在维护本国海洋利益、保护本国海洋环境与资源、捍卫本国海洋安全的过程中，因维权需要或与他方缺乏战略互信，可能会与周边或其他有利益诉求的国家的海上力量产生摩擦甚至冲突。在国家利益和建设和谐海洋的交汇点上，如何处理这种矛盾甚至冲突，最能考验一个国家的基本国策和应对能力。

2013 年，为推进海上统一执法，提高执法效能，中国将原中国海监、公安部边防海警、农业部中国渔政、海关总署海上缉私警察几支队伍进行整合，形成集中统一的海上执法体制。

中国的海上执法体制

　　中国的海洋执法队伍是维护国家海洋权益和实施海洋综合管理的重要保障。新中国成立后，中国政府在海洋领域开展了卓有成效的工作，在中央与地方相结合的海洋管理体制的建立和不断完善过程中，海洋综合管理逐步得到加强，海洋执法队伍开始建立。20世纪50年代到改革开放前这一时期的海洋观念和政策是以海洋防卫为重点的，因此早期的海上执法多由海军行使。随着海上交通安全、海洋渔业资源的利用和保护、海洋权益和海洋环境保护等法律

海事执法船对厦门湾、围头湾、泉州湾等地进行巡航检查。

法规的制定与实施，中国主要的海上执法监督、监察的力量也相继
建立起来。

中国海监

自 1998 年成立以来，中国海监执法队伍的建设和管理逐步完
善和提高，执法能力逐年增强，海监船舶和海监飞机的巡航艘次、
架次逐年增多，覆盖海域逐步扩大，海上行政执法已逐步走上法制
化轨道。中国海监成长为一支具有一定规模和广泛社会影响力的海
上执法队伍。

中国海监队伍由中国海监总队、3 个海区总队、11 个沿海省、
自治区、直辖市总队及其所属 97 个支队和 205 个大队组成。中国
海监已与海军建立了海上行动协调机制，在中国管辖海域进行全海
域维权巡航执法。

根据国务院办公厅印发的《关于印发国家海洋局主要职责内设
机构和人员编制规定的通知》，中国海监职责主要包括：在中国管
辖海域实施定期维权巡航执法；查处违法活动；监督涉外海洋科学
调查研究活动；监督涉外的海洋设施建造、海底工程和其他开发活动。

中国海监的执法任务可以分为海洋行政执法和定期维权巡航执
法。在具体表现上，主要是对中国管辖海域（包括海岸带）实施巡
航监视，对侵犯海洋权益、违法使用海域、损害海洋环境与资源、
破坏海上设施、扰乱海上秩序等违法、违规的行为进行查处，组织
协调对海上重大突发事件的应急响应行动，并根据委托或授权进行
其他海上执法工作。

中国海事

中国海事是海上交通执法监督队伍。海事局系统分为直属海事
局和地方海事局两支队伍，分别在不同的水域行使海事管理职能。

中国海监 84 船在海南三亚休整补给。

直属海事局管辖的水域包括沿海（包括岛屿）海域和港口、对外开放水域；这些水域以外的内河、湖泊和水库等的水上安全监督工作，由省、自治区、直辖市人民政府负责。交通部共设置 14 个直属海事局，机构的名称统一为"中华人民共和国 XX 海事局"。直属海事局为事业单位，参照行政机构管理。其中，上海、天津、辽宁、山东、江苏、浙江、福建、广东、广西、海南、长江、深圳等 12 个海事局为正厅级单位，河北、黑龙江两个海事局为副厅级单位。在全国 31 个省、自治区、直辖市，设置有 27 个地方海事机构。

中国海事局的机构职能如下：（一）拟定和组织实施国家水上安全监督管理和防止船舶污染、船舶及海上设施检验、航海保障以及交通行业安全生产的方针、政策、法规和技术规范、标准。（二）统一管理水上安全和防止船舶污染。监督管理船舶所有人安全生产条件和水运企业安全管理体系；调查、处理水上交通事故、船舶污染事故及水上交通违法案件，归口管理交通行业安全生产工作。

2013 年 7 月，海巡船"海巡 11"号在青岛奥帆中心对外开放，向市民和游客普及海事和海洋知识。

（三）负责船舶、海上设施检验行业管理以及船舶适航和船舶技术管理；管理船舶及海上设施法定检验、发证工作；审定船舶检验机构和验船师资质、审批外国验船组织在华设立代表机构并进行监督管理；负责中国籍船舶登记、发证、检查和进出港（境）签证；负责外国籍船舶入出境及在中国港口、水域的监督管理；负责船舶载运危险货物及其他货物的安全监督。（四）负责船员、引航员适任资格培训、考试、发证管理。审核和监督管理船员、引航员培训机构资质及其质量体系；负责海员证件的管理工作。（五）管理通航秩序、通航环境。负责禁航区、航道（路）、交通管制区、港外锚地和安全作业区等水域的划定；负责禁航区、航道（路）、交通管制区、锚地和安全作业区等水域的监督管理，维护水上交通秩序；核定船舶靠泊安全条件；核准与通航安全有关的岸线使用和水上水下施工、作业；管理沉船沉物打捞和碍航物清除；管理和发布全国航行警（通）告，办理国际航行警告系统中国国家协调人的工作；

审批外国籍船舶临时进入中国非开放水域；负责港口对外开放有关审批工作以及中国便利运输委员会日常工作。（六）航海保障工作。管理沿海航标无线电导航和水上安全通信；管理海区港口航道测绘并组织编印相关航海图书资料；归口管理交通行业测绘工作；组织、协调和指导水上搜寻救助，负责中国海上搜救中心的日常工作。（七）组织实施国际海事条约；履行"船旗国"及"港口国"监督管理义务，依法维护国家主权；负责有关海事业务国际组织事务和有关国际合作、交流事宜。（八）组织编制全国海事系统中长期发展规划和有关计划；管理所属单位的基本建设、财务、教育、科技、人事、劳动工资、精神文明建设工作；负责船舶港务费、船舶吨税的有关管理工作；负责全国海事系统统计和行风建设工作。

中国海事的主要任务包括：管理水上安全和防止船舶污染，调查、处理水上交通事故、船舶污染事故及水上交通违法案件；负责外国籍船舶入出境及在中国港口、水域的监督管理；负责船舶载运危险货物及其他货物的安全监督；负责禁航区、航道（路）、交通

2014 年 3 月，海南省三亚基地码头，南海最大海巡船"海巡 31"准备启航。

管制区、安全作业区等水域的划定和禁航区、航道（路）、交通管制区、锚地和安全作业区等水域的监督管理；管理和发布全国航行警（通）告，承担国际航行警告系统中国国家协调人的工作；审批外国籍船舶临时进入中国非开放水域；管理沿海航标、无线电导航和水上安全通信；组织、协调和指导水上搜寻救助并负责中国搜救中心日常工作，等等。

中国渔政

20 世纪 50 年代，中国渔业行政主管部门设立了渔政管理处，沿海主要省市渔业行政主管部门也建立了渔政监督管理机构。1978年 3 月，国家水产总局成立，下设渔政渔港监督管理局，主管水产资源繁殖保护、渔船安全、渔船检验和渔业电信；同时对外加挂中华人民共和国渔政渔港监督管理局的牌子，代表国家行使渔政渔港监督管理权。同年，三个海区渔业指挥部设立渔政处。自此开始了真正意义上的渔政、渔港监督和渔船检验等渔政管理，渔政管理体系开始建立。

1983 年国务院在批转《关于发展海洋渔业若干问题的报告》的通知中强调指出："要健全渔业法规，加强渔政管理，严格保护、合理利用和积极增殖近海渔业资源"。在此指导思想下，全国上下普遍重视渔业法规和渔政机构的建设，开始组建渔业执法队伍。

1983 年 9 月，三个海区渔业指挥部划归原农牧渔业部领导，加挂海区渔政分局的牌子，并在沿海若干重要港口设立渔政管理站。1985 年原农牧渔业部正式下达文件，海区指挥部的主要职能从生产指挥向管理和服务转变，逐步强化渔政管理职能，要求海区渔业指挥船改名为渔政船。1986 年《中华人民共和国渔业法》颁布实施后，全国大部分省（区市）及其渔业县（市）建立了地方渔政管理机构，沿海和部分内陆省（市、县）相继组建了相应的渔业执法船队。1990 年，各海区渔政分局所属渔政船队改为渔政检查大队。1995 年，各海区渔政局所属渔政检查大队更名为"中国渔政 X 海总队"，省级为渔政总队、地市级为渔政支队、县级为渔政大队。中国海洋渔政执法工作分别由黄渤海、东海、南海区渔政渔港监督管理局（对外称中华人民共和国黄渤海、东海、南海区渔政局）负责。

　　为适应新的国际海洋管理制度和国内渔业统一综合执法的需要，2000 年农业部渔政指挥中心正式成立。指挥中心专门负责组织协调全国重大渔业执法行动，特别是跨海域、大流域、跨省区的渔业执法行动，维护国家海洋权益，并指导全国渔政队伍建设工作。

　　中国渔政执法队伍的职责主要体现在两个方面：一方面是渔业行政监督检查权，另一方面是渔业行政处罚权。国家渔政机构、海区渔政机构和地方渔政机构都有各自具体的管辖范围和权限。农业部中国渔政指挥中心承担农业部履行的渔政管理具体行政执法及队伍建设职责，其主要职责包括：一是承担全国渔业统一综合执法行

2013 年 3 月 22 日，中国最大的综合执法渔政船——中国渔政 312 船缓缓驶离中国渔政南海总队广州新洲码头，该渔政船当天正式入列中国渔政南海区渔政局，首航南沙护渔，并在南海相关海域执行巡航护渔任务。

渔政管理体制演变		
时间	渔政管理部门	隶属部门
1957 年	渔政司	国家水产部
1958—1964 年	国家曾先后两次撤消又恢复渔政机构	
1978 年	渔政管理局	国家水产总局
1982 年	国家水产总局	农牧渔业部
1988 年	渔政渔港监督管理局 （农业部内设机构）	农业部
1994 年	渔业局	农业部
1994 年	各海区渔政、渔港监督管理局	农业部

动的指挥、协调任务；二是承担专属经济区渔业执法检查的指挥工作。根据双边渔业协定对共管水域组织实施渔业执法检查，受委托协调与有关国家和地区对口机构的联合执法检查；三是组织实施跨海区、大流域、跨省区和边境水域的渔业执法行动。负责拟订重要渔业执法检查计划，经批准后组织实施；四是负责处理涉外渔业事件和执行海损事件警报任务等。农业部渔政指挥中心的业务工作由渔业局归口管理，接受渔业局指导。

农业部在黄渤海区、东海区、南海区的渔政、渔港监督管理职责，分别由农业部黄渤海区渔政局（中华人民共和国黄渤海区渔政局）、农业部东海区渔政局（中华人民共和国东海区渔政局）、农业部南海区渔政局（中华人民共和国南海区渔政局）承担。海区渔政局的主要职责是：贯彻执行国家渔业法律法规和国家发展渔业的方针政策；组织指导、协调所属省、自治区、直辖市的渔政监督管理工作；进行本海区渔政工作计划，提出工作对策，办理审批、核发跨海区作业渔船和农业部或国家渔政渔港管理局委托其审批、核发的近海大型拖网、围网渔船的捕捞许可证,整顿渔业生产秩序;会同有关部门维护海上生产安全,处理渔业纠纷,防范自然灾害,协助海难救助等。

边防海警

公安边防海警部队(亦称中国人民武装警察边防海警部队)是国家部署在沿边沿海地区和口岸的一支重要武装执法力量,隶属于公安部,列入武警部队序列。

公安边防部队在省、自治区、直辖市设公安边防总队,在边境和沿海地区(市、州、盟)设公安边防支队,在县(市、旗)设公安边防大队,在沿边沿海地区乡镇设边防派出所,在内地通往边境管理区的主要干道上设边防公安检查站;在沿海地区设海警支队、大队;在开放口岸设边防检查站。

中国公安边防部队在各省(自治区、直辖市)设立公安边防总队30个(北京未设),在边境和沿海地区(市、州、盟)设公安边防支队110个,在沿海地区设海警支队20个。在开放口岸设现役边防检查站207个,在边境沿海地区县(市、旗)设公安边防大队310个,在沿边沿海地区乡(镇、苏木)设边防派出所1691个,在边境主要通道和要道设边境检查站46个,在边境地区的重点地段、方向部署机动队113个。公安边防海警部队作为公安边防部队的组成部分,是国家部署在沿边沿海地区和口岸的一支重要武装执法力量,负责海上治安。

公安边防海警是指沿海公安边防总队下属的海警支队、海警大队,是维护海上治安秩序的执法力量。公安边防海警根据中国相关法律、法规、规章,对发生在中国内水、领海、毗连区、专属经济区和大陆架各处的违反公安行政管理法律、法规、规章的违法行为或者涉嫌犯罪的行为行使管辖权。沿海公安边防总队、海警支队和海警大队办理海上治安案件和刑事案件，分别行使地（市）级人民政府公安机关、县级人民政府公安机关和公安派出所的相应职权。

1951年公安边防部队成立之初，海警部队的主要职责是维护边防辖区治安秩序，维护国家边防安全，重点任务是打击沿海及海上偷渡、走私、贩毒等违法犯罪活动。现阶段，根据《公安机关海上执法工作规定》，公安边防海警依法履行的职责主要是预防、制止、侦查海上违法犯罪活动，维护国家安全和海域治安秩序；负责海上重要目标的安全警卫；参与海上抢险救难，保护公共财产和公民人身财产安全；依照规定开展海上执法合作等方面。从公安海警部队成立之初到现阶段的职责对比上看，除了1951年被赋予的打击走私、贩毒和海上偷渡外，还增加了对渔民、出入境人员的管理以及涉外边防合作等职能。

依据2007年12月1日起施行的《公安机关海上执法工作规定》，公安边防海警对发生在中国内水、领海、毗连区、专属经济区和大陆架违反公安行政管理法律、法规、规章的违法行为或者涉嫌犯罪的行为，由公安边防海警根据中国相关法律、法规，行使管辖权。其主要执法任务包括：对海上发生的违反公安行政管理法律、法规、规章的治安案件进行调查处理；对海上发生且属于公安机关管辖的刑事案件进行侦查；对违反公安行政管理法律、法规或者涉嫌犯罪的人员，以及与违法犯罪行为有关的工具或者物品，采取登临、检查、执行逮捕、扣留等措施；为防止和惩处在中国陆地领土、内水、领海内从事危害安全、进行走私、偷越国（边）境等违法犯罪行为，在毗连区内实施管制；对违反公安行政管理法律、法规或者涉嫌犯罪的外国船舶实施紧追；以及法律、法规规定由公安机关行使的其他各种职权。对有违法犯罪嫌疑的人员，海警部队可以依照《中华人民共和国人民警察法》（1995年）等法律、法规，行使当场盘问权、检查权和继续盘问权。

海关缉私警察

中华人民共和国海关总署缉私局（全国打击走私综合治理办公室）是中国海关缉私警察的领导、指挥机关，受海关总署与公安部双重领导，以海关总署领导为主。海关总署缉私局既是海关总署的一个内设局，又是公安部的一个序列局，为公安部第二十四局。

按照国务院有关规定，海关总署缉私局在广东分署设立广东分署缉私局，在全国 41 个直属海关分别设立各直属海关缉私局，在部分隶属海关还设有 170 个隶属海关缉私分局。各直属局及分局，同样接受双重垂直领导，其局长同时兼任所在海关副关长。广东分署缉私局、各直属海关缉私局同时列入所在地省级公安机关序列，为所在公安厅（局）走私犯罪侦查局。

海关缉私警察承担海关打击走私的刑事执法和行政执法的各项任务，其自身职能随着海关形势和任务的变化，也在不断调整和完

中国海警船统一采用白色船体，船上涂有红蓝相间条纹、中国海警徽章和"中国海警 CHINA COAST GUARD"标志。

善。中国缉私警察队伍组建之初，根据国务院的有关规定，是对走私犯罪案件依法进行侦查、拘留、执行逮捕、预审的专职刑警队伍。2000年7月，新修订的《中华人民共和国海关法》第4条规定："国家在海关总署设立专门侦查走私犯罪的公安机构，配备专职缉私警察，负责对其管辖的走私犯罪案件的侦查、拘留、执行逮捕、预审"、"海关侦查走私犯罪的公安机构，履行侦查、拘留、执行逮捕、预审职责，应当按照《中华人民共和国刑事诉讼法》的规定办理"等，以法律形式确定了缉私警察的设置、性质、职责、执法程序等。其次，为主动适应中国加入世贸组织后反走私斗争新形势的要求，充分发挥海关打击走私的整体效能，2002年，海关走私犯罪侦查局统一更名为海关缉私局，增加查处走私、违规案件的行政执法职能。

海关缉私执法的任务主要体现在四个方面：一是打击走私违法活动。主要是组织查处走私违法案件，追究违法者的法律责任，定期与不定期开展专项行动和联合行动，扼制重点走私渠道、走私区域等。二是保护当事人合法权益。主要是在打击走私违法活动的同时，依法维护相对人的合法权益。三是规范企业经营行为。主要是教育、引导和规范企业。四是开展反走私综合治理。

海关缉私执法的具体任务是，在中国海关境内，依法缉查涉税走私犯罪案件，对走私犯罪案件和走私犯罪嫌疑人依法进行侦查、拘留、逮捕和预审。对海关调查部门、地方公安机关（包括公安边防部门）和工商等行政执法部门查获移交的走私犯罪案件和走私犯罪嫌疑人，依法进行侦查、拘留、逮捕和预审。与地方公安机关负责查处走私武器、弹药、毒品、伪造的货币、淫秽物品、反动宣传品、文物等非涉税走私犯罪案件的任务不同，对于发生在海关监管区内的上述非涉税走私犯罪案件，交由走私犯罪侦查机构立案侦查。对侦查终结的走私犯罪案件向检察机关移送起诉，对经侦查不构成走私犯罪的案件和虽然构成走私罪但司法机关依法不追究刑事责任

广州海关举行海上缉私岗位能手选拔比赛。

的案件，移交海关调查部门处理。在地方公安机关配合下，负责制止在查办走私犯罪案件过程中发生的以暴力、威胁方法抗拒缉私和危害缉私人员人身安全的违法犯罪行为。依法受理、查办与走私犯罪案件有关的申诉，办理国家赔偿。

上述五支执法队伍在执法职责和执法范围上各有侧重。一是工作职责。海事侧重于海上交通安全执法；海警和缉私警察侧重于维护海上治安，打击海上犯罪；而海监和渔政则侧重于海洋资源、海洋环境和海洋权益执法。二是执法范围。海事、海警和海关缉私警察的执法范围主要是内水、领海和毗连区，而海监和渔政的执法范围则涵盖了内水、领海、毗连区、专属经济区和大陆架等全部管辖海域。

重新组建的国家海洋局

2013 年 3 月 10 日，中国第十二届全国人大一次会议第三次全体会议在人民大会堂召开。根据提请全国人大会议审议的《国务院机构改革和职能转变方案》，国务院拟重新组建国家海洋局。为推进海上统一执法，提高执法效能，将原国家海洋局与中国海监、公安部边防海警、农业部中国渔政、海关总署海上缉私警察的队伍和职责整合，重新组建国家海洋局，由国土资源部管理。主要职责是拟订海洋发展规划，实施海上维权执法，监督管理海域使用、海洋环境保护等。国家海洋局以中国海警局名义开展海上维权执法，接受公安部业务指导。

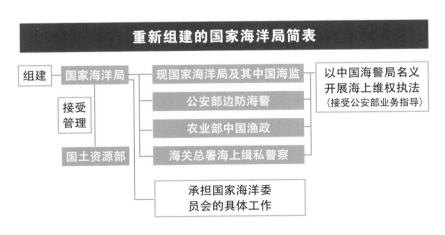

重新组建的国家海洋局简表

国务院"三定"方案

2013 年 7 月 9 日，中国政府网、国家海洋局网站公布了经国务院批准的《国家海洋局主要职责内设机构和人员编制规定》（简称"三定"规定）。按照规定，国家海洋局将加强海洋综合管理、生态环境保护，加强海上维权执法，统一规划、统一建设、统一管理、统一指挥中国海警队伍，维护海洋秩序和海洋权益。

国家海洋局负责组织拟订海洋维权执法的制度和措施，制定执法规范和流程。在中国管辖海域实施维权执法活动。管护海上边界，防范打击海上走私、偷渡、贩毒等违法犯罪活动，维护国家海上安全和治安秩序，负责海上重要目标的安全警卫，处置海上突发事件。负责机动渔船底拖网禁渔区线外侧和特定渔业资源渔场的渔业执法检查并组织调查处理渔业生产纠纷。负责海域使用、海岛保护及无居民海岛开发利用、海洋生态环境保护、海洋矿产资源勘探开发、海底电缆管道铺设、海洋调查测量以及涉外海洋科学研究活动等的

2014 年 4 月，中国海监广东省总队启动珠江口海洋环境保护执法检查专项行动，以维护珠江口海砂开采秩序，保护海洋生态环境。

执法检查。指导协调地方海上执法工作。参与海上应急救援，依法组织或参与调查处理海上渔业生产安全事故，按规定权限调查处理海洋环境污染事故等。

国家海洋局内设 11 个机构。其中包括海警司（海警司令部、中国海警指挥中心），负责组织起草海洋维权执法的制度和措施，拟订执法规范和流程，承担统一指挥调度海警队伍开展海上维权执法活动具体工作，组织编制并实施海警业务建设规划、计划，组织开展海警队伍业务训练等工作。设置国家海洋局北海分局、东海分局、南海分局，履行所辖海域海洋监督管理和维权执法职责，对外以中国海警北海分局、东海分局、南海分局名义开展海上维权执法。三个海区分局在沿海省（自治区、直辖市）设置 11 个海警总队及其支队。

"三定"规定也明确了国家海洋局与公安部、农业部、海关总署和交通运输部的执法分工合作。国家海洋局以中国海警局名

2013 年 7 月 9 日，国家海洋局在官方网站公布由国务院批准的《国家海洋局主要职责内设机构和人员编制规定》，明确了国家海洋局主要职责、内设机构和人员编制。

义开展海上维权执法，接受公安部业务指导。国家海洋局参与拟订海洋渔业政策、规划和标准，参与双边渔业谈判和履约工作，根据双边渔业协定对共管水域组织实施渔业执法检查，组织和协调与有关国家和地区对口渔业执法机构的海上联合执法检查。海关与中国海警建立情报交换共享机制，海关缉私部门发现的涉及海上走私情报应及时提供给中国海警，中国海警开展海上查缉并反馈查缉情况，按照管辖权限办理案件移交。交通运输部与国家海洋局共同建立海上执法、污染防治等方面的协调配合机制并组织实施。

中国海警局挂牌

2013 年 7 月 22 日，"中国海警局"正式挂牌。根据国务院批准的《国家海洋局主要职责内设机构和人员编制规定》，重新组

建的国家海洋局在海洋综合管理和海上维权执法两个方面的职责得到加强。中国海警队伍的整合不是各支队伍的简单相加，而是要在人权、财权、事权等多方面进行调整和归并，理顺海警内部的分工协作及执法流程，提高执法效能。

中国海警标识

中国的海上执法制度

中国海上执法队伍依据法律法规实施海上执法行动，严格遵守海上执法程序，依据不同执法活动类型和海上情形采取相应执法措施；加强海上执法监督，提高依法行政水平。

海上执法的类型

由于各国国情、历史和地理位置各种不同，海上执法力量的体制、职能、隶属关系等也各不相同。从执法方式来讲，沿海国的海上执法力量主要可以分为两大类，即由单一执法机构实施的集中统一的海上执法和多个部门的多个执法机构实施的分散的海上执法。

世界上许多沿海国家，不论是实行集中类型的海洋管理体制，还是实行半集中类型或分散类型的管理体制的国家，大多都拥有统一的海上执法力量。这些国家包括：美国、日本、韩国、加拿大、英国、澳大利亚、瑞典、荷兰、冰岛、意大利、印度、越南、菲律宾、巴勒斯坦、阿根廷、科威特、牙买加、厄瓜多尔、墨西哥、以色列、新加坡、土耳其等。

有些沿海国家实行多个部门执法，其中包括军队。例如葡萄牙由海军负责海上巡逻，空军承担空中巡逻和侦察走私、海洋事故和非法捕鱼，内政部设有税务警察，国防部有海上警察和港口管理局，这些单位共同负责查处海上走私、偷渡和渔事纠纷案件。泰国海军负责海洋执法工作，缉私由海军、海警和海关负责；船舶事故和海洋污染由港务局负责处理；涉外渔事纠纷由海军负责处理。

海上执法的依据

海洋行政执法活动具有严格的法定性，必须遵守依法行政的基本要求。中国海上执法队伍严格根据法律的规定，有法必依、执法必严。中国海上执法的法律依据，主要包括宪法、法律、行政法规、规章、其他规范性文件及有关国际公约和国际协定等。

综合性法律法规一览表	
海洋综合性法律	《全国人民代表大会常务委员会关于批准〈联合国海洋法公约〉的决定》
	《中华人民共和国政府关于领海的声明》
	《中华人民共和国政府关于中华人民共和国领海基线的声明》
	《中华人民共和国领海及毗连区法》
	《中华人民共和国专属经济区和大陆架法》
	《中华人民共和国海上交通安全法》
	《中华人民共和国海洋环境保护法》
	《中华人民共和国环境影响评价法》
海洋行政处罚与监督	《中华人民共和国行政处罚法》
	《中华人民共和国行政复议法》
	《中华人民共和国行政诉讼法》
	《中华人民共和国国家赔偿法》
	《中华人民共和国治安管理处罚法》

相关法律法规一览表	
执法队伍	相关法律法规
中国海警	《中华人民共和国海域使用管理法》
	《中华人民共和国海岛保护法》
	《中华人民共和国人民警察法》
	《中华人民共和国渔业法》
	《中华人民共和国海关法》
	《中华人民共和国刑法》
	《中华人民共和国刑事诉讼法》
	《中华人民共和国人民警察法》
	《中华人民共和国矿产资源法》
	《中华人民共和国野生动物保护法》
	《中华人民共和国涉外海洋科学研究管理规定》
	《铺设海底电缆管道管理规定》
	《海关行政处罚实施条例》
	《中华人民共和国防治海洋工程建设项目污染损害海洋环境管理条例》
	《中华人民共和国海洋倾废管理条例》
	《中华人民共和国海洋石油勘探开发环境保护管理条例》
中国海事	《中华人民共和国自然区保护条例》
	《中华人民共和国船舶登记条例》
	《中华人民共和国船舶载运危险货物安全监督管理规定》
	《中华人民共和国船舶签证管理规则》
	《中华人民共和国船舶安全检查规则》
	《国际海运危险货物规则》

海上执法队伍的职责、任务以及分工的不同，其管辖对象和管理内容所依据的法律法规也有所不同。在依据综合性法律的同时，其也应遵守相关的法律法规。中国海上执法队伍以各自领域法律法规作为依据，在各自职责范围内开展执法活动。

海上执法方式

根据中国法律法规的规定，并结合国际法，中国海洋行政主管部门及其执法人员，在中国管辖海域内可采取以下措施：

宣示性措施

宣示性措施是确认相关方的身份特征或者向相关方宣示主张，该措施以喊话或者其他宣示性行为予以表现。海上执法中，可以表现为喊话确认相关船舶的国籍归属，向相关方宣示主权，在中国管辖岛屿环岛巡视等。

责令性措施

责令性措施是执法机关作出的具有要求相对方作为或者不作为一定行为的意思表示。在海上执法中，可以表现为责令临时停航、责令驶离指定地点、责令停产作业、责令回航或者改航、责令改正或者限期改正等。

强制措施

为制止违法行为或者在紧急、危险等情况下依法对违法人的人身自由或者财产实施的控制性措施。分为三种：对人身自由的限制；对物的扣留使用、处置或者限制其使用；强行进入设施、场所、船舶或其他处所及其他依法定职权的必要处置。如登临、扣押等。

海上执法程序

海上执法程序作为行政程序的一种特别程序，是中国海上执法队伍在行使海上执法权力、实施海上管理和服务过程中所遵循的步骤、方式、顺序及时限的总称。

河北海警支队二大队巡逻艇正在准备对可疑船舶进行盘查。

　　海上执法与普通执法相比，具有主体特定，执法范围、领域广泛和涉外的特点。海上综合执法需要遵守《中华人民共和国许可法》、《中华人民共和国行政处罚法》和《中华人民共和国行政强制法》中关于行政许可、行政处罚和行政强制程序的规定，也应遵守《中华人民共和国刑事诉讼法》关于侦查程序的规定。

　　海上执法监督

　　根据监督主体与监督对象是否属于同一组织系统，海上执法监督可以分为内部监督和外部监督两种形式。外部监督是指国家权力机关、司法机关、社会组织或人民群众对海上行政执法进行监督。海上行政系统内部监督是指海洋行政主管部门系统内部上下级之间的监督，以及系统内部设立的专门监督部门对其他行政部门的监督。

　　中国海上执法队伍按照隶属关系履行执法监督，从日常业务工作、行政复议、行政应诉、行政执法责任制等多方面加强对执法队伍的监督检查，从严查处各种执法违规违纪行为。加强对执法检查中发现的违法、违纪单位和人员的处理工作，对监督检查中发现的问题从严查处。

　　建设和完善海洋督察制度是执法监督工作的一项重要内容，是内部监督的重要形式之一。国家海洋局于 2011 年在全国建立了海洋督察制度，并在东海区开展了试点工作。建立和推进海洋督察制度是提高依法行政水平，加强法治政府建设，履行好重组后国家海洋局和地方海洋部门职责的重要举措。

海上执法能力建设

加强装备能力建设、不断提高海洋执法能力是全面履行中国海上执法队伍神圣职责、切实维护国家海洋权益、依法规范海洋开发秩序、有效保护海洋生态环境、推动海洋经济稳定增长的必然要求和重要举措。近年来，为了应付日益复杂的海上形势和维护国家海洋权益，中国海上执法队伍无论在职责授予、机构设置上，还是在人员配备、装备建设、业务开展上，都有较大发展。

队伍建设常抓不懈

中国海警以提高海监执法人员素质为核心，以加强队伍的思想建设、组织建设、作风建设、业务建设和廉政建设为主要内容，以正规化、专业化、规范化管理为手段，有计划地对人员进行分批、分期集中统一培训。在着力提高执法业务水平的同时，积极开展多种形式的演习、演练、文化建设等，从仪表、技能、体能到作风，培养了队伍"统一、规范、严格"的品质，在社会上树立起了文明之师、威武之师的良好队伍形象。加强执法人才库建设，规范了执法人才的管理和使用。拓展完善执法培训体系，开展全员法律练兵活动。根据执法工作需要，完善新警初任培训机制。

通过模拟办案、理论研讨、选派培训等多种方式，着力培养执法中坚力量，着力打造一支政治合格、军事过硬、作风优良、执法

2013 年 8 月，福建省海警一支队调集 10 艘舰艇在福州罗源湾锚地开展锚地集训暨军事业务大比武活动，图为轻武器射击训练。

公正、业务精通的队伍。积极探索建设综合管理类、专业技术类和行政执法类三支人才队伍，努力构建人才分类分级管理体系。2009年，中国海监（现为中国海警）和海军合作在海军蚌埠士官学校建立了中国海监训练基地，将海监初任执法培训纳入人才培养体系。培训旨在提高学员军政素质，强化学员的海洋和海权意识。与此同时，该校还结合海监人员岗位任职需求，增设了海上特项体能、心理行为训练、帆缆船艺和损管消防技能等内容，以及航海和海上救生等基本理论常识。2013 年 10 月 14 日，第四期中国海警（前三期为中国海监）初任执法人员培训班在海军蚌埠士官学校开班，提高初任执法人员的执法能力。

中国海事加大人才培养力度，完善中国海事领军人才库建设，发挥和提升领军人才的能力和水平。选派业务骨干赴国外学习交流，着力培养有影响力的国际型海事人才。坚持在青年人才的管理、使用、培养上下功夫，继续实施新进人员上岗前集训和基层工作锻炼制度，鼓励青年人才参与各类课题研究。优化教育培训机制，建立

长江海事系统首支由女子海事官组成的"三八女子海事服务队"。

更加完善的培训制度和体系，科学设置培训科目，逐步形成符合发展需求的培训模式。着力加强基础知识、基本素质和基本技能的培训，提升人员的综合素质。中国海事落实"四型（学习型、责任型、服务型、创新型）海事"建设，深入推进"四型海事"建设，着力加强海事队伍建设。2013 年 8 月 6 日，长江海事局新进人员岗前培训开班，旨在使新进人员全面熟悉和了解海事工作，掌握海事基本法律、法规和业务知识。

快速提升装备能力

中国海警忠实履行国家赋予的职责，组织完成了多次重大专项维权执法，不断加大了对中国管辖海域的巡航和监管力度，执法装备在其中发挥了重要的支撑保障作用。中国海警着眼于国际海洋执法监察装备的发展趋势和未来需要，瞄准世界先进水平，以开展全海域定期维权巡航为契机，分步实施了第一期和第二期船舶、飞机建造项目，通过不同类型船舶及船载执法设备的合理配置，逐步优

2013 年中国海警入列船艇、飞机和维权执法基地

1 月 6 日	中国海监 76、77、86、87 艇正式加入中国海监南海总队序列。
1 月 18 日	"中国海监 5001" 船的入列。"中国海监 5001" 是目前江苏省海上执法力量中唯一一艘千吨级执法船。
6 月 8 日	山东省首个海监维权执法基地——中国海监山东省总队石岛海监维权执法基地建设合同签约。
6 月 14 日	广西 1000 吨级省级维权执法专用海监船顺利下水。该船入列后，成为广西目前最大吨位的海洋综合执法船舶。
6 月 25 日	广东省吨位大、装备先进的 2 艘千吨级海监船入列。
7 月 2 日	"中国海监 4067" 船正式入列山东中国海监威海市支队。
7 月 19 日	浙江舟山市海洋与渔业局建造的首艘 600 吨级维权执法专用海监船——"中国海监 7018" 船顺利下水。
7 月 25 日	"中国海监 7028" 入列，是目前宁波市最大吨位的海洋维权执法船。
8 月 6 日	海南省首艘 1000 吨级省级维权执法专用海监船"中国海监 2168" 正式入列中国海监海南省总队。
8 月 5 日	"中国海警 3401" 下水。该船是以海洋救助船为原型建造的 4000 吨级海警船。
8 月 6 日	山东省两艘 1000 吨级省级维权执法专用海监船——"中国海监 4001""中国海监 4002" 下水。
9 月 7 日	福建省 1500 吨级省级维权执法专用海监船"中国海监 8001" 下水。
9 月 12 日	中国海监北海总队负责监造的 4000 吨级海警船——"中国海警 2401" 船在广州中船黄埔造船有限公司下水。
9 月 27 日	中国海监上海市总队崇明维权执法基地维修改造项目通过交工验收。
10 月 10 日	"中国渔政 45003" 船在广西柳州下水。
10 月 18 日	"中国海监 4091" 执法艇入列中国海监山东省总队寿光支队。
10 月 25 日	"中国海监 4010" 执法艇入列山东中国海监滨州市支队。
10 月 28 日	"中国海监 4064" 执法艇入列中国海监荣成市大队。

11月8日	广西区总队1000吨级海监船移交入列。
11月15日	1000吨级省级执法维权专用海监船"中国海监2169"交付海南省海洋与渔业监察总队使用。
11月22日	"中国海监4029"高速执法艇入列山东中国海监东营市支队。舟山维权执法基地浮码头工程通过验收,改造取得重大进展。
12月6日	300吨级的"中国海监4088"执法维权专用海监船入列中国海监烟台市支队。
12月13日	"中国海监1010"船下水,1500吨位。该船隶属于大连市海监支队,是目前大连地区最大的一艘执法船。
12月20日	"中国海监7020"执法艇交付浙江中国海监宁波市支队使用。

化、提升海洋执法船舶和装备的整体水平,进一步强化了中远程执法监察保障体系建设,为实现全海域覆盖、立体监控、分区定期巡航迈出了坚实的一步。船舶建造一期项目已圆满结束,共新造6艘船,于2005年已全部交付使用。二期项目共7艘于2011年全部交付使用。在新造的船舶中,3000吨级2艘、1500吨级3艘、1000吨级II型5艘、1000吨级I型3艘,共计13艘。2013年,中国海上执法队伍为更好地完成海上执法任务,更有效应对海上突发事件,推进实施工程装备项目,强化海上执法装备保障,中国海警新入列14艘执法船。[1]山东首个维权基地——石岛维权基地建设合同签约,上海崇明维权基地完成改造,舟山维权执法基地改造取得重大进展。中国海警船统一采用白色船体,船上涂有红蓝相间条纹、中国海警徽章和"中国海警CHINA COAST GUARD"标志。

　　航空执法是对中国管辖海域(包括海岸带)实施空中巡航监视、查处侵犯海洋权益、违法使用海域、损害海洋环境与资源、破坏海上设施、扰乱海上秩序等违法违规行为的重要手段之一。中国海警根据实际需要,着力提升现有机载装备的整体水平,逐步缩小与世

---

1. 依据《海洋报》相关内容整理

界先进国家的差距，并着手发展不同机种、不同性能、不同要求的中远程飞机，以切实保证中国管辖海域的全覆盖，确保海上航空执法任务的完成。2013 年 6 月 25 日，中国国内首架地方海监直升机"中国海监 B7072"加入海监执法序列，增强了广东省海监队伍参与国家维权巡航执法的能力，对于维护海洋权益和加强广东省海洋行政执法具有重要意义。7 月 29 日，中国海监东海航空支队为海监 3837、3726 飞机安装了新一代海监综合执法系统，提升空中巡航监视能力。

立体监控，科技保障

海上执法队伍装备技术的发展，已经基本形成了天基、空基、海基和陆基四个层面的立体监控格局，对海洋侵权、违法行为的巡航执法具备了多种软对抗手段。"天基"是指应用卫星遥感技术，对海上特定目标进行识别，并使用卫星通讯技术传输给地面指挥系统，是海上动态管理的重要手段。"空基"是利用飞机对海上违法目标进行重点监视，利用飞机上的可见光和红外夜视等手段全天候侦察违法行为。"海基"是以船舶为水面平台通过水下侦测和雷达等手段，对水下侵权行为进行监视。"岸基"是利用陆上平台，通过车载指挥系统与天、空、海实时互联，形成高效指挥系统。

高技术维权装备是中国海上执法维护海权的利器，包括了搜索、取证、干扰和对抗类设备。如先进的水下声学探测搜索装备，可以及时发现外籍军事测量船在中国管辖海域探测作业，船载光电取证系统可以对远距离海、空目标进行 24 小时的全方位搜索、监视和取证，雷达系统可以用于监视本船周围电磁环境，截获周边雷达信号确认目标。利用卫星实时传输系统和无线音视频传输系统，一个能够实时传输视频、图像和语音的数字化通信指挥网通过装备船舶，连接和覆盖了整个中国管辖海域。

2013 年 6 月，中国海监广东省总队 1000 吨级海监船、海监直升机入列暨首航仪式在广州举行，首航将赴北部湾海域等中国 200 海里专属经济区巡航执法。

　　执法船舶在海上现场对信息采集完毕后，通过通信网络，将船上信息实时回传到陆上指挥机构。飞机上通过光电平台采集的信息，也可以使用无线图传技术进行传输。而结合利用导航卫星系统提供的定位信息，可以确定船舶的经纬度，让指挥机构及时下达相关命令。

　　2013 年 1 月，中国海警首个应急指挥平台在国家海洋局南海分局通过验收并投入使用。该平台可以承担一线临时指挥功能，它的投入使用大大提高了南海分局的装备水平。该应急指挥平台以汽车为载体，装载了传真电话、卫星通讯、GPS 定位导航和信息处理等系统，可在移动过程中实现卫星通信、无线图像传输和多方视频会议，应急指挥平台具有协同通信的能力，在联合处置突发事件时，可将一线现场采集的语音、数据和图像信息通过卫星传输实时传送到特定的船只、飞机和各级海陆指挥中心，并进行可视化指挥。

　　2013 年 9 月，北海航海保障中心建设完成的中国首个自主研发的沿海北斗连续运行参考站系统——"北方海区 3D 高精度定位渤海湾示范系统"投入运行，这标志着中国海上定位系统首次进入"厘米时代"。该系统为船舶安全航行、海道测量、海洋资源勘探等提供更加精准的三维 (3D) 定位服务。

海上执法活动

中国海上执法队伍依据相关法律、法规和规章全面开展管辖海域海洋权益维护执法、海域使用管理执法、海洋环境保护执法、海岛保护执法、巡航护渔、船舶安全监督和查缉走私等工作，在进一步规范海洋行政执法程序、继续提升执法能力、强化执法监督检查等方面取得一定成效。中国海军依据《公约》，通过开放式的护航理念，与多国、多个国际组织进行了多边、多种外事活动和联合行动，提高了亚丁湾护航效率，显示了中国为世界和平与安全做出贡献的坦诚和信念。

维护国家权益

海上执法队伍忠实履行职责，在中国管辖海域内开展维权巡航执法，切实维持国家海上秩序，维护国家海洋权益。中国海警的执法任务可以分为专项维权执法和定期维权巡航执法。

专项维权执法。从执法政策和策略上看，中国海警主要是在特定时期、特定区域，针对特定目标，集中优势，整合资源，开展专门的执法。专项执法行动可根据中国海上维权的形势及应对其他国家侵犯中国海洋权益的行为展开。2012 年中国海监与渔政、海军两部门在东海某海空域举行大规模军地海上联合维权演习。这次以"东海协作—2012"为名的演习，针对争议海域内中国执法船和

2012 年 10 月 19 日，东海舰队联合农业部东海区渔政局、国家海洋局东海分局在浙江舟山以东海空域组织进行"东海协作—2012"军地联合海上维权演习。

护渔船遭到他国舰船的无理跟踪、骚扰甚至恶意阻挠等情况，以海军兵力支援掩护海监、渔政船只专项维权执法为课题。2013 年 11 月 25 日，国家海洋局针对目前沿海地区违法用海突出的问题，决定组织开展违法用海专项整治行动。该专项行动主要针对海域使用、海洋环境保护、海岛开发利用领域存在的突出问题开展集中专项整治，严厉打击非法围填海、非法开采海砂和非法渔业用海行为，严厉打击在未经核准环境影响报告书的情况下即开工建设的海洋工程项目和违法倾废活动，重点对《海岛保护法》出台前项目用岛情况进行清查和督促备案登记。行动分别组织了四个子专项，包括：打击非法围填海、非法采砂专项，渔业用海整治专项，未核准环评项目和违法倾废整治专项，海岛开发利用整治专项。

定期维权巡航执法。1999—2001 年，是中国涉外维权执法的起步阶段，主要以对外海洋科研监管和电缆管道调查执法为重要内容开展执法。2001—2006 年，是中国海上维权执法工作迅速发展

2012 年中国渔政巡航执法	
4 月	中国渔政 303、310、320 先后在黄岩岛海域维权护渔。中国渔政在黄岩岛海域保持常态化巡航护渔。
9 月	东海伏季休渔结束后，农业部渔政局依法在东海及钓鱼岛海域等中国管辖海域坚持实施常态化护渔巡航。
9 月 24 日	10 艘渔政船在钓鱼岛海域执行护渔维权和执法管理任务。
10 月 1 日	6 艘渔政船驶入钓鱼岛附近海域执行维权护渔任务。
10 月 26 日	中国渔政 202 船、44061 船组成的护渔维权巡航编队在钓鱼岛海域 241 渔区巡航。渔政执法人员登临附近的渔船，执行护渔维权执法任务。

的时期，中国海警多次圆满完成国家重大海上维权执法任务，有力地捍卫了中国的海洋权益。2007 年，中国定期维权巡航执法制度的范围已经覆盖中国全部管辖海域，并建立了规章制度体系，有效地推进了这项工作向前发展。2009 年，中国海警巡航实现了对中国全部主张管辖海域的巡航执法。2013 年，中国海警严格履行依法维护国家海洋权益职能，在中国管辖海域实施定期维权巡航执法，对在中国管辖海域进行非法调查、测量作业的外籍船只进行监视和驱离。

中国海警部署专属经济区渔政巡航，积极统筹各海区渔政力量，进一步完善跨海区调度和抽调地方渔政船参与巡航机制。开展专属经济区渔政巡航和双边渔业协定水域执法监管，与周边国家协商建立渔业海上执法合作机制。坚持强化重点敏感水域的护渔维权和渔船管控。坚持钓鱼岛海域常态化护渔和南沙伴随式巡航。坚持履行相关协调机制的职责，及时解救中国被非法抓扣的渔船渔民。中国管辖海域执行定期维权护渔巡航任务和专项维权护渔巡航执法任务。在相关海域执行伏季休渔巡航行动，执行伏季休渔执法检查任务。中国渔政在中国管辖海域执行定期维权护渔巡航任务和专项维权护渔巡航执法任务，开展了黄岩岛、钓鱼岛等一系列护渔执法

2012 年中国海监巡航执法	
时间	**巡航执法**
3 月 16 日	中国海监 50、66 船组成的中国海监定期维权巡航编队，抵达钓鱼岛及其附属岛屿附近海域进行巡航。
4 月 10 日	中国海监船 75 号和海监船 84 号抵达黄岩岛海域及时制止菲律宾非法抓扣 12 艘中国渔船上的中国渔民。中国海监在黄岩岛海域保持常态化巡航维权执法。
9 月 14 日	中国海监 50、51、15、26、27、66 船对钓鱼岛及其附属岛屿海域进行维权巡航执法。
9 月 18 日	中国海监 50、66、75、83、51、15、26、27、46、49 船加强了对钓鱼岛及其附属岛屿海域的巡航监视。
9 月 24 日	中国海监 66、46 船，在钓鱼岛领海内开展例行维权巡航。
10 月 2—3 日	中国海监 50、15、26、27 船组成的编队在钓鱼岛领海内继续开展维权巡航。
10 月 20 日	中国海监 51、66、75、83 船编队在钓鱼岛及其附属岛屿海域例行海上巡航执法任务。
10 月 25 日	中国海监 51、66、75、83 船编队在钓鱼岛领海维权巡航。
10 月 28 日	中国海监 50、15、26、49 船编队继续在钓鱼岛领海内维权巡航。
10 月 30 日	中国海监 50、15、26、27 船编队在钓鱼岛领海内进行例行维权巡航，并对进入中国领海非法活动的日方船只进行监视取证，同时严正声明主权立场，并对日船实施了驱离措施。
11 月 2 日	中国海监 50、15、26、27 船执法编队在中国钓鱼岛海域进行例行维权巡航，对非法进入中国领海活动的日方船只进行监视取证，同时严正声明立场。
11 月 4 日	中国海监 50、15、26、27 船编队进入中国钓鱼岛领海内进行维权巡航。11 月 3 日中国海监也在我钓鱼岛领海内开展了例行性巡航。

11 月 20 日	中国海监 50、15、26、27 船执法编队在中国钓鱼岛海域进行例行维权巡航，对非法进入中国领海活动的日方船只进行监视取证，同时喊话严正声明立场。
12 月 7 日	中国海监 137、46、49、66 船编队进入钓鱼岛领海内开展维权巡航。期间，中国海监编队各船对进入钓鱼岛领海的日方侵权船只进行了喊话，严正申明了中国政府立场，要求日侵权船只离开钓鱼岛领海，并对日方船只的侵权活动进行了取证。
12 月 13 日	中国海监 B-3837 飞机抵达钓鱼岛领空，与正在钓鱼岛领海内巡航的中国海监 50、46、66、137 船编队会合，对钓鱼岛开展海空立体巡航。期间，中国海监编队对日方进行了维权喊话，严正声明中国政府立场，要求日方船只立即离开中国领海。
12 月 21 日	中国海监 50、83、111 船编队于 9 时 25 分进入钓鱼岛领海内开展维权巡航。中国海监编队各船对进入钓鱼岛领海的日本海上保安厅 PLH06、PLH22、PL10、PL66、PL68、PL127 等日方侵权船只进行了喊话，严正声明了中国政府立场，要求日方侵权船只离开我钓鱼岛领海。
12 月 31 日	中国海监 51、15、83 船编队继续在中国钓鱼岛领海内巡航。

2013 年南海定期维权巡航	
1 月 14 日	中国海监 84、74 船自广州起航，执行南海定期维权巡航执法。中国海监 262、263 船自三亚起航，执行南海定期维权巡航执法。
2 月 18 日	中国海监 262、263 船自三亚起航，执行南海定期维权巡航执法。
3 月 5 日	中国海监 84、72 船完成南海定期维权巡航执法，巡航编队对西沙群岛、南沙群岛及其附近海域进行了维权巡航。
3 月 26 日	中国海监 167、75 船编队完成南海定期维权巡航执法，巡航编队对西沙群岛、南沙群岛及其附近海域进行了维权巡航。
4 月 29 日	中国海监 84、74 船编队完成南海定期维权，巡航编队对西沙群岛、南沙群岛及其附近海域进行了维权巡航。

活动。在相关海域执行伏季休渔巡航行动，执行伏季休渔执法检查任务。

2012 年，中国管辖海域海洋权益维护工作取得重大突破，持续进行了钓鱼岛、黄岩岛的系列维权活动。12 月，海警飞机开展了钓鱼岛上空的巡航，进一步提高了中国对钓鱼岛及其附近海域的监管能力。2012 年 9 月 10 日—2013 年 9 月 10 日，中国政府公务执法船在中国钓鱼岛领海内巡航共 59 次。截至 2013 年 12 月 8 日，中国政府公务船在中国钓鱼岛领海内巡航共 78 次（中国海警局成立后共 17 次）。

海上巡航是海事部门对所辖海区进行有效监控的重要手段，对维护法律尊严、落实法律法规、保障海上航行安全、保护海洋环境有着重要的现实意义。中国海事局优化海区执法力量配置，综合发挥 VTS、AIS、LRIT 等系统优势，加大航空器和大型海事执法船巡航力度，强化海上交通动态监管。

中国海事在中国管辖海域执行定期巡航和专项任务。巡视海上通航环境和通航秩序，监督船舶遵守有关海上交通安全、防止船舶

2012 年 9 月，执行东海维权巡航执法的中国海监 66 船和中国海监 46 船，依照中华人民共和国有关法律，再次在中国钓鱼岛领海内开展例行维权巡航。

2012 年 3 月 20 日，中国海监 83、75 船组成的海上编队顺利完成 2012 年度南海定
期维权巡航执法第 3 航次任务。

污染国际公约和中国法律法规情况；监视海洋环境，督促船舶无害
通过，从而达到保障航行安全，保护海洋环境，维护国家主权的目的。

2013 年，中国海事执行南海巡航、西沙巡航执法任务。2 月，"海
巡 21""海巡 31"和"海巡 166"三艘海巡船组成的编队从三亚港
起航赴南海水域执行巡航任务。本次巡航旨在强化海事执法船舶在
中国南海水域内动态执法能力，锻炼巡航队伍的快速反应能力，保
障南海水域船舶航行安全，防治船舶污染海域。7 月，"海巡 31"
船和"海巡 171"船在南海海域联合巡航，重点对琼州海峡、南海
习惯性航线等相关重点海域进行海上现场安全监管。"海巡 21 号"
开赴西沙永兴岛执行西沙海域巡航执法，重点巡视海上通航环境、
监测海洋环境、纠正违法违章航行和碍航行为、处置海上险情，确
保三沙海上生命线的安全畅通。

打击违法捕捞，维护休渔秩序

中国海警开展专项整治，坚决查处渔船标识不规范行为；突出执法重点，严厉打击海上暴力抗法行为；加强伏季渔业管理。2013年，中国海警全面清理整治海洋捕捞渔具，取缔"绝户网"、迷魂阵等违规渔具，严厉打击大范围、群体性、普遍性的使用违规渔具捕捞行为，为进一步规范渔具使用、保护渔业资源打好基础。2013年9月10日，11艘中国海警舰船和一架中国海警飞机参加黄渤海区和东海区巡航执法，形成海陆空立体化巡航编队，重点打击非法越界违规作业渔船，保证休渔秩序的稳定。本次执法是中国海警成立以来针对黄渤海区渔政管理开展的首次行动，在黄渤海区渔政管理历史上首次实现了"海空一体化"执法。

"海盾""碧海"行动，海岛定期巡查

"海盾"专项执法行动从2003年开始实施。"海盾"专项执法行动以查处非法填海造地、大型非法围海行为以及中国海警挂牌督办的案件为主。中国海警以专项执法行动促进日常工作的开展，以规范海域使用管理秩序、服务沿海经济发展为目标，开展了近岸海域定期巡航和专项执法活动，切实加强了对用海项目的监督和引导。重点查处海域使用违法案件，开展了"区域用海专项执法活动"，"非法围填海疑点疑区排查"专项活动；进一步加大了重点区域海砂开采用海执法力度，对创新海砂开采用海监管模式进行了探索。2013年，中国海警北海、东海、南海总队及各沿海省（区、市）总队深入推进"海盾2013"专项执法行动，加强对重点区域用海项目实施检查，并进一步加大对已立案"海盾"案件的查处力度。截至2013年11月10日，"海盾2013"行动共立案82起，结案

65 起（含往年"海盾"案件 13 起），作出处罚决定 70 件，实际收缴罚款 8.142 亿元（含收缴往年"海盾"案件罚款 4.856 亿元）。

"碧海"行动是于 2009 年在全国范围内首次开展大型海洋环保专项执法，主要针对海洋自然保护区、海洋特别保护区、海洋生态监控区、重点排污口等，以全面防治海洋工程建设项目污染损害海洋环境为重点内容。中国海警组织开展"碧海"专项执法行动。该行动涵盖海洋环境保护执法的全部领域，重点打击海洋工程未经环评擅自开工建设、在海洋自然保护区核心区和缓冲区建设生产经营设施、无证倾倒废弃物等重大海洋环境违法行为。中国海警扎实推进海洋环境保护执法检查和"碧海"案件查处工作。2013 年 1–10 月，全国共检查各类项目 11974 个，全国海洋环保类案件立案 440 件，结案 385 件，收缴罚款 2504.04 万元。其中，"碧海 2013"行动共立案 140 件，下发行政处罚决定书 121 件，结案 117 件，收缴罚款 980.5 万元，年度办案任务完成率高达 155%。

2014 年 6 月，海监上海总队在杭州湾金山三岛海洋生态自然保护区海域举行保护海岛联合执法演练，以"海陆空"协同实战形式，检验上海海域海岛执法协同机制的作战能力。

中国海警执行海岛定期巡查任务。执法飞机从空中通过航空遥感等技术，对中国海岛进行高精度三维地形监视监测；执法船舶从海上通过海上巡航对海岛及其周边海域生态系统进行监督检查；执法人员从地面对重点海岛实施登岛检查，及时发现和处置违法开发利用海岛和破坏海岛生态环境的违法行为。中国海岛海陆空立体监管网络的启动运行，标志着中国海岛执法检查工作由此步入了规范化、常态化的轨道。

2014年6月13日，中国海监厦门市支队执法人员对同安湾鳄鱼屿进行登岛检查。此次登岛检查重点有4项内容：海岛海岸动态冲淤变化情况、沿岸防波堤工程建设情况、潮间带红树林种植生长情况以及岛屿土地利用情况等。检查发现，在沿岸防波堤和红树林的保护下，该岛屿海岸侵蚀情况有所改善，岛上植被覆盖率有所提升，土地利用情况稳定，岸滩上漂浮靠岸的垃圾清理情况较好。

维护海上治安秩序

中国海警围绕维护国家海洋权益和海域治安稳定，加强海上维权执法，开展海上平安海区创建工作，建立联勤警务室。开展集中打击治理活动，强化海上辖区形势分析研判，查处违法行为，防范打击海上走私、偷渡、走私等违法犯罪活动。开展海上专项治安整治活动，整顿海上治安秩序。

负责海上重要目标的安全警卫，处置海上突发事件，负责国家重大活动的海上安保任务。推动联合巡航执法常态化，推动从"巡逻护航"向"巡逻与执法"相结合的转变。2013年11月，福建边防总队破获一起特大涉台走私毒品案件，斩断了一条从广东经漳州沿海走私毒品去台的通道，该案件被列为公安部毒品目标案件。

"国门之盾" 和 "绿篱" 行动

中国海警坚持抓住要害，突出重点，坚持专项斗争和联合行动，深化对重点区域、重点渠道、重点商品走私活动的打击和治理，摧毁了一批重大走私犯罪团伙，有效遏制了大规模走私势头，同时与相关部门密切协作，积极开展海上封堵、边境管理、市场清查、行业整顿等综合治理工作。全面组织开展打击走私的"国门之盾"行动，集全国海关之力，打击、查堵、治理危害国家安全、社会稳定、群众健康以及严重扰乱市场经济秩序的走私活动和不法行为。

2013 年 2 月，中国海关开展为期十个月"绿篱"专项行动，该专项行动主要是加强进口固体废物监管和打击"洋垃圾"走私。7 至 12 月，针对当前反走私形势和突出走私问题，海关总署会同工信部、公安部、环保部等十部委，在全国范围内开展一场大规模打击走私专项斗争和联合行动，全面加大对走私违法犯罪活动的打击、查堵、治理力度。

2012 年 6 月，河北唐山市南堡边防派出所民警正在对辖区渔船渔民证件进行检查。

海上执法合作

中国海上执法队伍加强部门协作，并与部分国家和地区开展执法合作。加强协同执法，构建联合执法工作机制，推动执法合作和执法交流，对于维护海洋权益意义重大。海上执法合作机制，对于促进合作各方提高海洋综合管理能力、海上执法工作水平具有直接和现实的利益，对于稳定海上形势，营造和平气氛具有深远意义。

2013 年 4 月 30 日，中国大陆最先进的救助船"东海救 101 轮"抵达台湾高雄港，展开以"传承妈祖文化，护佑海峡民众"为主题的访问交流。6 月 10 日，中国海事旗舰船"海巡 01"轮开启了对澳大利亚、印度尼西亚、缅甸和马来西亚四国的交流合作访问。8 月 11 日，"海巡 01"轮完成了四国五港的访问，这是中国海事公务船首次穿越赤道访问南半球国家，也是海事公务船首次跨洋出访多个国家。

2013 年 9 月 9 日，北太平洋地区海岸警备执法机构论坛第 14

2013 年 4 月，大陆最先进救助船"东海救 101 轮"抵达台湾高雄港，展开以"传承妈祖文化，护佑海峡民众"为主题的访问交流活动。

届高官会在俄罗斯符拉迪沃斯托克召开。这是中国海警局挂牌后，首次在多边海上执法合作平台上亮相。本届高官会议对上一年度论坛工作进行了回顾和总结，就海上渔业执法、打击海上非法贩运、联合行动、海上应急、海上安全、信息交换等领域的问题交换了意见，制订了下一年度的工作计划，并签署了会议联合声明。

维护和拓展中国海洋权益

　　中国既是陆地大国，也是海洋大国，在海洋上拥有广泛的战略利益。建设海洋强国是中国特色社会主义事业的重要组成部分。实施建设海洋强国这一重大部署，对推动经济持续健康发展，对维护国家主权、安全、发展利益，对实现全面建成小康社会目标、进而实现中华民族伟大复兴都具有十分重大而深远的意义。

　　21世纪，海洋已成为经济全球化、区域经济一体化的联系纽带，

2013年3月，中国渔政46012船驶离海口港，启程赴西沙及黄岩岛海域执行巡航护渔任务。

在国家经济发展格局和对外开放中的作用更加重要，在维护国家主权、安全、发展利益中的地位更加突出，在国家生态文明建设中的角色更加显著，在国际经济、军事、科技竞争中的战略地位更加明显。世界各国以维护和拓展海洋权益、空间为核心的海洋综合实力竞争愈演愈烈。沿海国家纷纷制定或调整海洋发展战略，加快海上力量建设，并采取一系列先发制人的行动，加强对海洋的有效控制和对他国的战略钳制。

全球范围的"蓝色圈地"运动也在一定程度上挤压中国未来的生存发展空间。围绕南北两极和 2.5 亿平方公里公海这一新疆域的国际竞争、权益斗争持续升温，国际海底区域新矿物、新生物和新基因的争夺也日趋白热化。与此同时，沿海国家甚至内陆国家为维护本国的海洋权益，积极参与海洋领域的双边、多边合作及国际组织活动，加强海洋环境保护，提高海洋监测与灾害预防能力，增强可持续发展能力。

在未来相当长的一段时间内，中国在维护国家海洋权益方面面临的挑战将越来越多，海洋极有可能成为干扰中国发展战略机遇期和威胁国家安全的主要因素。所有这些都要求我们不断提升对海洋的管控能力，加快建设海洋强国步伐，更加有效地维护和拓展中国的海洋权益。

作为海洋大国
的历史性责任
——中国海洋事业的地位与使命

21世纪是海洋世纪，海洋已成为经济全球化、区域经济一体化的联系纽带，是国际政治、经济、军事、外交领域合作与竞争的重要舞台。海洋在国家经济发展及维护国家主权、安全、发展利益中的地位更加突出。

纵观历史，大国发展莫不与海洋息息相关。当今世界发达国家和地区大都是依靠海洋走上发达之路，海洋资源和空间都为国家发展和繁荣昌盛做出了巨大贡献。

中国是陆海兼备的发展中国家，中国经济已成为高度依赖海洋的开放型经济，国家发展对海洋资源、海洋空间的依赖程度越来越高。面向未来，海洋的战略利益，关系到中华民族的生存与发展，关系到中国的兴衰安危。而建设成与中国人口、资源、经济和社会发展程度相适应的海洋强国，有与之相匹配的维护国家海洋权益和国家安全的海上军事力量，有与之相符合的科技、产业、环保、教

2013年7月，2013中国航海日活动的来宾参观南通海洋工程产业发展成果展。

育、人才、执法等各种力量，在国际海洋合作事务和制度制定过程中，有足够的发言权、参与权和决定权，不但中国经济、社会和发展有了保障，还会在维护全球安全与稳定方面真正承担起重大的大国责任。

捍卫国家的海洋权益

在捍卫国家的海洋权益的问题上，中国一向态度鲜明而且坚决。

中国坚决维护岛屿主权、海洋权益和海上安全，努力维护海洋航行自由和航行安全。中国对钓鱼岛和南海诸岛等岛屿及其临近海域拥有无可争辩的主权，对其专属经济区和大陆架拥有主权权利和管辖权。

中国海洋执法机构依法维护岛屿主权，对所属岛屿及其附近海域进行巡航执法完全是合法和正当的。

2014 年 4 月，国防部新闻发言人在新闻发布会上说，钓鱼岛是中国领土，中国军队完全有能力保卫，不需要其他国家费心提供所谓的安全保障。

2013 年 8 月，中国海警局四艘海警船在钓鱼岛毗邻水域展开巡航。

　　中国尊重各国正当的海洋权益，在维护本国海洋权益的同时，充分尊重各国根据国际法享有的海洋权益，推动和平利用海洋、合作开发保护海洋，实现和谐海洋愿景，共享海洋的恩惠。

　　中国坚决维护管辖海域的安全稳定，是航行自由与航行安全的受益者和坚定维护者，并将继续与各国共同维护航行自由与航行安全，反对以航行自由为借口干涉地区海洋事务。中国一贯坚持通过双边谈判、和平解决海洋划界和其他海洋争端。

发展海洋经济的原则

中国的沿海地区是中国经济发展最快的地区，发展海洋经济意义重大。国家会以五年为单位出台海洋经济发展的规划。国务院于2012年9月印发了《全国海洋经济发展"十二五"规划》（以下简称《"十二五"经济规划》），依据该规划，"十二五"期间（2011—2015年），中国将着力于优化海洋经济总体布局、改造提升传统海洋产业、培育壮大海洋新兴产业、积极发展海洋服务业、提高海洋产业创新能力以及推进海洋经济可持续发展。

三个海洋经济圈和更多的海洋新区

"十二五"时期，中国将充分发挥环渤海、长江三角洲和珠江三角洲三个经济区的引领作用，推进形成中国北部、东部和南部三个海洋经济圈，有序推进重要海岛开发建设，促进海岛经济与社会协调发展，着力培育一批重要的海洋经济增长极。为此，国务院先后批复《山东半岛蓝色经济区发展规划》《浙江海洋经济发展示范区规划》《广东海洋经济综合试验区发展规划》《福建省海洋经济发展规划》。2011年6月30日，国务院正式批复中国第四个国家级新区——舟山群岛新区。

山东、浙江、广东、福建海洋经济区和舟山群岛新区的确立，奠定了中国发展海洋经济的空间布局。作为第四个国家级新区，在

2011 年 7 月，浙江舟山群岛新区成为中国继上海浦东、天津滨海和重庆两江后又一个国家级新区，也是首个以海洋经济为主题的国家级新区。

定位上，舟山群岛是中国海洋经济发展的先导区、海洋经合开发试验区和长江三角洲地区经济发展的重要增长极。在产业发展方向上，舟山群岛新区将建成中国大宗商品储运中转加工交易中心、东部地区重要的海上开放门户、海洋海岛科学保护开发示范区、重要的现代海洋产业基地和陆海统筹发展先行区。山东省、浙江省、广东省和福建省海洋经济规划共同的特点是坚持陆海统筹，提出了优化海洋经济空间布局、发展海洋现代产业、建设海洋生态文明的目标。

各规划依据各沿海省市的区位特征和优势以及经济发展基础各有侧重和特点，主要体现在三个方面：一是规划范围大小有所差异，如山东半岛蓝色经济区规划范围仅仅是山东部分沿海城市，而浙江、广东和福建规划范围则相对较大；二是规划的定位各有优势，如广东省海洋经济规划不仅发展海洋产业，而且还将与海峡西岸经济区、北部湾地区和海南国际旅游地对接合作，福建省则是两岸合作的先行区；三是发展的海洋优势产业各有侧重，如山东半岛蓝色经济区在发展现代海洋产业的同时将利用科教优势打造海洋科技教育的核心区，广东则利用改革开放先行区的科技优势促进海洋科技创新和成果高效转化。

海洋经济区规划对照表

规划名称	规划范围	定位
《山东半岛蓝色经济区发展规划》	山东全部海域和青岛、东营、烟台、潍坊、威海、日照沿海6市及滨州市的无棣、沾化2个沿海县所属陆域	现代海洋产业集聚区、海洋科技教育核心区、海洋经济改革开放先行区、海洋生态文明示范区
《浙江海洋经济发展示范区规划》	杭州、宁波、温州、嘉兴、绍兴、舟山、台州7市47个县（市、区）被纳入海洋经济发展示范区	发展海洋新兴产业、海洋海岛开发开放改革示范区、现代海洋产业发展示范区、海陆统筹协调发展示范区和生态文明及清洁能源示范区
《广东海洋经济综合试验区发展规划》	广东省全部海域及广州等沿海14市，加强与香港和澳门特别行政区、海峡西岸经济区、北部湾地区和海南国际旅游岛的对接合作	提升海洋经济国际竞争力的核心区、促进海洋科技创新和成果高效转化的集聚区、加强海洋生态文明建设的示范区和推进海洋综合管理的先行区
《福建省海洋经济发展规划》	一带：海峡蓝色产业带；一圈：两岸海洋经济合作圈；六湾：三都澳、闽江口、湄洲湾、泉州湾、厦门湾、东山湾；十岛：平潭、东山、湄洲、琅岐、南日、浔茂、大嶝、三都、西洋、大嵛山	全国陆海统筹协调发展模范区、国家现代海洋产业开发重要基地、两岸海洋经济深度合作先行区、全国海洋生态文明建设示范区、区域海洋综合管理创新试验区
《舟山新区发展规划》	舟山新区所辖金塘岛、六横岛、衢山岛、舟山本岛西北部、岱山岛西南部、泗礁岛、朱家尖岛、洋山岛、长涂岛、虾峙岛十大开发岛屿	大宗商品国际物流基地、国家级海洋科教基地、现代海洋产业基地、群岛型花园城市

用海"五原则"

中国坚持"五个用海"的原则：一是坚持规划用海，要做好科学规划，进行整体性、长远性、战略性布局，建立健全海洋空间和资源规划体系，充分发挥规划、区划的统筹协调作用，实行功能管制和规模控制双管齐下，促进近海有序利用，拓展深海资源有效开发，规范各类海洋开发利用活动；二是坚持集约用海，要以加快转变海洋经济发展方式为目标，处理好保障发展与保护资源的关系，优化用海布局，调整用海结构，实现海域资源的合理配置；三是坚持生态用海，要按照整体、协调、优化和循环的思路，进行海域资源的合理开发与可持续利用，维持海洋生态平衡；四是要坚持科技用海，要着力加强海洋科技创新，提高勘探开发海洋资源以及保护海岸带、海洋生态环境的技术水平，在获得更多空间、资源和能源的同时，支撑海洋经济社会科学发展、绿色发展；五是坚持依法用海，要按照全面推进依法行政、建设法治政府的要求，不断完善海域管理制度体系，严格执行海域管理法律法规和政策。

《中华人民共和国海域使用管理法》（以下简称《海域使用管理法》）确定了中国海域使用的基本政策和制度依据。依据《海域使用管理法》的规定，海域属于国家所有，国务院代表国家行使海域所有权，国务院海洋行政主管部门负责全国海域使用的监督管理。依据《海域使用管理法》，中国的海域范围是指中华人民共和国内水、领海的水面、水体和底土。《海域使用管理法》建立了海洋功能区划制度、海域使用的申请与审批制度、海域权属管理制度（所有权和使用权）、海域使用金制度、海域使用的监督检查制度等多项规章制度，为海域政策的有效执行提供了制度保障。

为有效执行海域使用政策，贯彻实施《海域使用管理法》，国务院先后批准发布了《国务院办公厅关于开展勘定省县两级海洋行政区域界线工作有关问题的通知》《国务院办公厅关于沿海

2014 年 9 月，福建省渔政执法人员对外籍渔船进行检查。

省、自治区、直辖市审批项目用海有关问题的通知》《国务院关于印发全国海洋经济发展规划纲要的通知》《省级海洋功能区划审批办法》《报国务院批准的项目用海审批办法》等五个规范性文件。国家海洋局也陆续制定发布了《海域使用权管理规定》《海域使用权登记办法》《关于加强区域建设用海管理工作的若干意见》等 18 个规范性文件；并会同财政部发布了《关于加强海域使用金征收管理的通知》《海域使用金减免管理办法》以及《海域使用金管理条例》等。这些政策文件的出台，逐步规范了海域使用申请审批、登记发证、海域使用金征收管理等各项工作。与此同时，沿海各省份也依据《海域使用管理法》积极开展了地方立法，并制定了一系列的规范性文件，全面清理了与《海域使用管理法》相抵触的各类规章制度。

《全国海洋功能区划（2011—2020 年）》（以下简称《区划》）对中国管辖海域未来十年的开发利用和环境保护作出了全面部署和具体安排。中国的海域使用坚持以自然属性为基础、以科学发展为导向、以保护渔业为重点、以保护环境为前提、以陆海统筹为准则、

主要海域功能表

海区	重点海域	主要功能
渤海	1. 辽东半岛西部海域	渔业、港口航运、工业与城镇用海和旅游休闲娱乐
	2. 辽河三角洲海域	海洋保护、矿产与能源开发、渔业
	3. 辽西冀东海域	旅游休闲娱乐、海洋保护、工业与城镇用海
	4. 渤海湾海域	港口航运、工业与城镇用海、矿产与能源开发
	5. 黄河口与山东半岛西北部海域	海洋保护、农渔业、旅游休闲娱乐、工业与城镇用海
	6. 渤海中部海域	矿产与能源开发、渔业、港口航运
黄海	7. 辽东半岛东部海域	渔业、旅游休闲娱乐、港口航运、工业与城镇用海和海洋保护
	8. 山东半岛东北部海域	渔业、港口航运、旅游休闲娱乐和海洋保护
	9. 山东半岛南部海域	海洋保护、旅游休闲娱乐、港口航运和工业与城镇用海
	10. 江苏沿岸海域	海洋保护、港口航运、工业与城镇用海、农渔业、矿产与能源开发
	11. 黄海陆架海域	海洋矿产与能源利用、海洋生态环境保护区域
东海	12. 长江三角洲及舟山群岛海域	港口航运、渔业、海洋保护和旅游休闲娱乐
	13. 浙中南海域	渔业、港口航运、工业与城镇用海
	14. 闽东海域	海洋保护、工业与城镇用海和渔业
	15. 闽中海域	工业与城镇用海、渔业和海洋保护
	16. 闽南海域	港口航运、旅游休闲娱乐、渔业、工业与城镇用海
	17. 东海陆架海域	海洋矿产与能源利用、海洋渔业资源利用
	18. 台湾海峡海域	略

海区	重点海域	主要功能
南海	19. 广东省东海域	海洋保护、渔业、工业与城镇用海、港口航运
	20. 珠江三角洲海域	港口航运、工业与城镇用海、海洋保护、渔业和旅游休闲娱乐
	21. 广东省西海域	海洋保护、渔业、港口航运
	22. 广西壮族自治区以东海域	港口航运、旅游休闲娱乐、海洋保护和渔业
	23. 广西壮族自治区以西海域	海洋保护、渔业、工业与城镇用海
	24. 海南岛东北部海域	港口航运、旅游休闲娱乐、渔业
	25. 海南岛西南部海域	旅游休闲娱乐、渔业、海洋保护、矿产与能源开发
	26. 南海北部海域	矿产与能源开发、渔业
	27. 南海中部海域	渔业、海洋保护、矿产与能源开发、旅游休闲娱乐
	28. 南海南部海域	海洋渔业资源利用和养护、海洋保护
台湾以东海域	台湾以东海域	略

以国家安全为关键六项原则。到 2020 年，中国海域开发利用要实现六方面的目标：一是海域管理在宏观调控中的作用增强；二是海洋生态环境改善，海洋保护区面积扩大；三是渔业用海基本维持稳定，水生生物资源养护加强；四是围填海规模得到合理控制；五是海域后备空间资源得以保留；六是海域海岸带整治修复富有成效。依据六项原则及 2020 年的目标，中国将管辖海域划分为渤海、黄海、东海、南海和台湾以东海域五大海区及辽东半岛西部海域等 29 个重点海域，并划分了农渔业区、港口航运区、工业和城镇用海区、矿产与能源区、旅游休闲娱乐区、海洋保护区、特殊利用区和保留区等八类海洋功能区，明确了各海域的主要功能。

科技兴海

中国高度重视海洋科技的发展，为促进海洋科技的快速发展，颁布了一系列重要政策。早在 20 世纪 90 年代初，在国家实施科教兴国和可持续发展战略的总体背景下，海洋领域提出了科技兴海的战略设想和行动计划，原国家科委、国家海洋局、原国家计委、农业部等联合于 1997 年发布实施了《"九五"和 2010 年全国科技兴海实施纲要》。2003 年国务院印发的《全国海洋经济发展规划纲要》中，特别强调了发展海洋经济要坚持科技兴海的原则。2008 年，国家海洋局和科技部根据《国家中长期科学技术发展规划纲要（2006—2010 年）》《全国海洋经济发展规划纲要》《全国海洋事业发展规划纲要》等提出的有关任务要求，在科技兴海战略研究的基础上，研究并出台了《全国科技兴海规划纲要》，就科技兴海

21 世纪以来，天津港实现了跨越式发展，从中国北方的第一个亿吨大港，成为世界级的人工深水大港，图为天津国际邮轮母港。

2014年5月，中国国家重大科技基础设施——"科学"号海洋科学考察船顺利完成首航任务，返回青岛，图为"科学"号停靠在奥帆中心码头。

的总体目标、重点任务和政策措施做了具体部署。2011年9月，国家海洋局、科技部、教育部和国家自然科学基金委等部门联合发布了《国家"十二五"海洋科学和技术发展规划纲要》，对中国2011年至2015年海洋科技发展进行了总体规划，提出"十二五"期间海洋科技对海洋经济的贡献率要由"十一五"时期的54.5%上升到60%，海洋开发技术自主化要实现大发展，科技成果转化率要显著提高，海洋科技将从"十一五"时期以支撑海洋经济和海洋事业发展为主，转向引领和支撑海洋经济和海洋事业科学发展。

"十二五"期间海洋科技的主要任务和政策目标包括八个方面：一是以拓展海洋调查研究的深度和广度为重点，明显提高对海洋的科学认知水平；二是以提高科技综合实力为重点，继续增强极地和大洋科考的竞争优势；三是以打造自主技术与装备为重点，努力推动中国深海科技发展迈出关键性步伐；四是以实施核心技术突破和

中国 12 个海岛县之一的浙江省玉环县，在实施"科技兴海"战略中，在乐清湾内建立了以网箱养殖为中心，总面积达两万亩（约 1333 公顷）的生态养殖农牧化试范园区。

产业示范带动为重点，积极培育和发展海洋战略性新兴产业；五是以创新海洋服务保障与管理支撑技术为重点，不断提高海洋开发、控制和综合管理水平；六是以深化科技兴海战略实施为重点，大力推进海洋科技与海洋经济的深度融合；七是以强化人才队伍和科技条件平台建设为重点，进一步提高海洋科技竞争力；八是以提高全民族海洋意识为重点，不断创新海洋科学普及工作。

中国坚持合作创新促进海洋科技产业快速发展，加快产学研一体化步伐。2010 年以来，各沿海省市和相关高校先后出台政策，以海洋科技园的形式，促进本地区海洋经济的快速发展。

浙江省将舟山海洋科技国际创新园作为海洋科技重点建设项目，计划通过五到十年的努力，将舟山建设成为国家重要的海洋科研基地。青岛结合《山东半岛蓝色经济区发展规划》，力争"十二五"期间打造中国"蓝色硅谷"，建设国际海洋科研中心、海洋新兴产

2012 年 11 月，中国石油集团海洋工程有限公司承建的 400 英尺 JU2000E 型自升式钻井平台，在上海外高桥造船公司举行坞内铺底仪式。

业技术发展中心、深远海与海洋前沿技术研发中心、海洋生态保护区等四个蓝色硅谷功能区，初步形成以科技含量高、附加值高、辐射力强、能耗和排放低为突出特征的海洋新兴产业。

上海先后制定了促进海洋经济发展的战略规划和政策措施推动海洋科技产业的发展，提出了坚持发展海洋科技产业、营造良好生态环境、促进基地持续健康发展、形成海洋科技内生动力等四项政策措施促进海洋科技产业快速发展，努力把上海建成海洋经济强市。上海市科委依托临港产业区管委会，联合上海海洋领域相关的大学、科研机构、企业、业务部门共同筹建了上海海洋科技研究中心。中国海洋大学、同济大学等高校成立海洋科技研究中心，促进海洋科技产学研一体化发展。

围绕海洋科技发展的目标和任务，国家海洋局出台了《国家科技兴海产业示范基地认定和管理办法（试行）》（以下简称《办法》），以提高海洋高新技术产业化规模和促进产业聚集为目标，培育和发展海洋高端工程装备制造业、海洋生物育种与健康养殖业、海洋医药和生物制品业、海水利用业、海洋可再生能源电力业、海洋新材料、深海战略资源勘探开发业和现代海洋服务业等高技术产业。

加大海水淡化产能

2012 年 2 月 6 日，国务院办公厅发布了《关于加快发展海水淡化产业的意见》（以下简称《意见》）。《意见》提出，到 2015 年，海水淡化日产能力将达到 220—260 万立方米，对海岛新增供水量的贡献率将达到 50% 以上，对沿海缺水地区新增工业供水量的贡献率将达到 15% 以上；海水淡化原材料、装备制造自主创新率将达到 70% 以上；建立较为完善的海水淡化产业链，关键技术、装备、材料研发和制造能力达到国际先进水平。

为全面贯彻落实《意见》精神，依据国家海洋局海水利用研究、应用与管理职能，结合当前中国水资源需求和海水淡化工作实际，切实促进海水淡化产业发展，国家海洋局于 2012 年 9 月 26 日印发了《关于促进海水淡化产业发展的意见》，强调了促进海水淡化产业发展重点做的七项工作：一是支持海水淡化技术研发与应用，二

2014 年 1 月，盐城新能源淡化海水示范园项目施工现场。

是健全海水淡化标准体系建设，三是保障海水淡化工程用海供给，四是促进海水淡化与海洋环境协调发展，五是加强海水淡化工程运行监测评估，六是加快开展海水淡化工程海洋灾害风险评估，七是加大海水淡化宣传和培训力度。

提高海洋工程装备制造业水平

2013 年 5 月，由中国哈尔滨工程大学船舶工程学院海洋可再生能源研究所作为技术牵头单位设计的"海能—I"号百千瓦级潮流能电站，在中国浙江省的岱山县龟山水道成功运行，电站经海底电缆为水道附近的官山岛居民提供源源不断的电能。

电站采用哈尔滨工程大学自主研发的总容量为 300KW 的双机组潮流能发电装置和漂浮式立轴水轮机潮流能发电技术，其发电容量为目前国际最大，是中国首座漂浮式立轴潮流能示范电站。

潮流能电站是一种利用潮汐发电的能量系统，是当今世界新能源领域的研究热点。"海能—I"号潮流能电站的建设综合了船舶与海洋工程、机械、发电机电控、海上安装等多个学科领域，为产业链相关企业带来潜在的商机，对海岛经济的发展和建设将起到推动作用，这对形成具有中国自主知识产权的潮流能电站技术、促进中国海洋新能源开发具有重要意义。

海洋工程装备是人类开发、利用和保护海洋活动中使用的各类装备的总称，处于海洋产业价值链的核心环节，是海洋经济发展的前提和基础。海洋工程装备制造业是战略性新兴产业的重要组成部分，也是高端装备制造业的重要方向，具有知识技术密集、物资资源消耗少、成长潜力大、综合效益好等特点，是发展海洋经济的先导性产业。

近年，中国海洋工程装备制造业发展取得了长足进步，但与世界先进水平相比，仍存在较大差距。

浙江舟山—海洋工程装备公司的厂房。

　　为了应对日益激烈国际竞争，抓住海洋资源开发装备的机遇期，2012 年 2 月，中国工业和信息化部、发展改革委、科技部、国资委、国家海洋局联合制定《海洋工程装备制造业中长期发展规划》（以下简称《规划》），对 2011—2020 年海洋工程装备制造业的发展进行了规划。依据《规划》，中国将采取六项政策措施，保障海洋工程装备制造业的快速发展：一是积极培育装备市场，到 2015 年年销售收入达到 2000 亿，到 2020 年年销售收入达到 4000 亿；二是规范和引导社会投入，在用海政策上给予重点支持；三是完善财税和金融支持，有效拓宽海洋工程装备制造企业融资渠道；四是加大科研开发支持力度，建立多渠道投入机制，支持海洋工程装备的研发和创新；五是推动产业联盟的建立，在科研开发、市场开拓、业务分包等方面开展深入合作；六是加强人才队伍建设，引进研发设计、经营管理方面的境外高层次人才和团队。

"亚特兰蒂斯"在中国的共鸣

2009 年，英国雕塑家贾森在墨西哥坎昆海岸建成了一座水下博物馆。2013 年 10 月末，他又推出水下艺术的新作品——现实版的"亚特兰蒂斯"，展现海洋生态环境遭到破坏的现状。

亚特兰蒂斯最早的描述出现于古希腊哲学家柏拉图的著作《对话录》里，被描述为史前文明的一块大陆，是地球"第八大洲"，

墨西哥国家海洋公园水下雕塑博物馆

是被海洋包围着的帝国，拥有高度发达的政治、经济和文化，是文明的理想国，亚特兰蒂斯人是"理想人"。但是，在公元前一万年左右的时候，它被史前的大洪水所毁灭。

一个说法认为，亚特兰蒂斯在克里特岛。因为英国考古学家埃文斯于二次世界大战前发现了位于地中海克里特岛上的大规模建筑和雕塑遗迹。

这组新作中，一尊由海洋水泥铸造而成的弯腰弓背的女人雕像，名为"没有回头路"——暗指加勒比海珊瑚礁正日渐流失。还有一尊雕塑名为"自焚"，描绘了一个孤独燃烧者的形象，也是由海洋水泥制成，不锈钢材质作为这些主雕塑的扩展部分。随着时间的流逝，这些雕塑将会被呈明黄色的快速生长的活火珊瑚覆盖起来，宛如一团火焰。贾森称，他想强调的是人类所拥有的资源正不断流失，而人类居住的蓝色星球又是如何被剧烈地人为改造的。后代很可能无法看到如此丰富多彩的物种和奇特的原始珊瑚。为了平衡这种失落感，他决定以此作品重新点燃人们的希望。

海洋生态环境是实现可持续发展的重要基础。海洋生态环境受到破坏，沿海地区人们的生活，包括远离海洋的内陆地区人们的生活和整个国民经济的发展都会受到严重的影响。中国在这方面深有体会。所以，英国艺术家贾森创作的呼吁海洋环保的海底艺术品，在中国的互联网上广泛流传，在政府部门和普通大众中，都引发了共鸣。

中国先后出台了一系列政策措施来遏制生态环境整体恶化趋势，保护海洋环境和生态。在中国的"十二五"国家经济发展计划中，保护海洋生态环境是重要的内容。计划指出，海洋环境保护将以科学发展观为指导，综合防控海洋环境污染和生态破坏，以构建海洋生态文明为宗旨，围绕转变经济发展方式为主题，实现海洋经济发展与海洋环境保护的和谐统一，为沿海地区全面建设小康社会提供良好的环境基础。

中国海洋生态环境保护的基本方针是：坚持陆海统筹，促进海洋经济与生态保护协调发展；坚持科学引领，提升海洋生态环境保护和可持续利用的综合能力；坚持综合管理，维护海洋生态环境安全。

海洋生态环境监测和修复

国家海洋局高度重视海洋环境和生态的监测工作，积极加强海洋生态环境的监控。《全国海洋环境监测与评价业务体系"十二五"发展规划纲要》对中国 2011—2015 年海洋环境监测与评价工作进行了总体规划。到 2015 年，要基本形成科学的海洋环境监测与评价体系，各级海洋环境监测机构能力得到进一步提升，人才队伍建设优质发展，监测领域进一步拓展，为中国海洋环境保护、环境风险防范、社会民生利益和沿海经济发展提供强有力的服务和保障。海洋生态环境的监控是海洋生态环境保护政策出台的基础。2011 年 8 月 16 日，中国第三颗海洋卫星"海洋二号"成功发射，主要用于海面风场、海面高度、有效波高和海面温度等海洋动力环境要素监测，获取

2007 年 4 月 11 日，中国在太原卫星发射中心用"长征二号丙"运载火箭，成功将中国第二颗海洋环境监测卫星"海洋一号 B"发射升空。

的卫星数据用于海洋环境预报、灾害警报，服务于中国经济发展、国家权益维护与安全，为中国海洋环境监控、海洋防灾减灾、海洋科学研究等提供技术支持。此外，各海区分别建立了海洋环境的立体监测系统。以北海区为例，目前已建立了由浮标、监测船、岸基站、航空遥感与卫星遥感组成的立体监测示范系统，搭建了国家海洋局溢油重点实验室和山东省海洋生态环境与防灾减灾重点实验室科技平台，为海洋环境和生态的保护奠定了良好的硬件基础。

鼓励建立海洋保护区

各类海洋保护区的建立是保护海洋环境和生态的重要政策手段。为加快推进海域生态保护与建设，国家海洋局修订了《海洋特别保护区管理办法》，正式将海洋公园纳入到海洋特别保护区的体系中。该"办法"将海洋特别保护区分为海洋特殊地理条件保护区、海洋生态保护区、海洋公园和海洋资源保护区等四种类型。与海洋自然保护区的禁止和限制开发不同，海洋特别保护区按照"科学规划、统一管理、保护优先、适度利用"的原则，在有效保护海洋生态和恢复资源同时，允许并鼓励合理科学的开发利用活动，从而促进海洋生态环境保护与资源利用的协调统一。

海洋环境污染应急预案

海洋相关灾害和应急预案是处理紧急情况下海洋环境和生态污染的重要机制。为应对突发的海洋环境和污染事件，国家海洋局作为海洋环境的主管部门，先后出台了《海上石油勘探开发溢油应急响应执行程序》《海洋石油勘探开发溢油事故应急预案》《赤潮灾害应急预案》和《风暴潮、海浪、海啸和海冰灾害应急预案》等程序性文件。 这些应急预案分别划分了各突发海洋环境事件的响应

2014 年 6 月 25 日，深圳大鹏湾举行海上救助与溢油应急演习。此次演习是对协调大鹏湾海上救助与溢油应急的组织指挥和反应行动的一次全面检验。

级别，明确了应急组织机构及责任和相关响应措施，为在突发情况下保护海洋生态和环境奠定了良好的政策和制度基础。

海洋生态 "红线"

在区域海洋环境保护上，国家海洋局在渤海制定出台了最严格的环境保护政策，建立了渤海海洋生态红线制度，要将渤海海洋保护区、重要滨海湿地、重要河口、特殊保护海岛和沙源保护海域、重要砂质岸线、自然景观与文化历史遗迹、重要旅游区和重要渔业海域等区域划定为海洋生态红线区。为了确保渤海海洋生态红线制度取得实际成效，《关于建立渤海海洋生态红线制度的若干意见》提出了四项目标：第一，渤海总体自然岸线保有率不低于 30%，辽宁省、河北省、天津市、山东省自然岸线保有率分别不低于 30%、20%、5%、40%；第二，海洋生态红线区面积占渤海近岸海域面积

2012 年中国环保部启动"生态红线"的绘制，圈出重要生态功能区，以及陆地和海洋的生态环境敏感区和脆弱区。

的比例不低于 1/3，辽宁省、河北省、天津市、山东省海洋生态红线区面积占其管辖海域面积的比例分别不低于 40%、25%、10%、40%；第三，到 2020 年，海洋生态红线区陆源入海直排口污染物排放达标率达到 100%，陆源污染物入海总量减少 10%–15%；第四，到 2020 年，海洋生态红线区内海水水质达标率不低于 80%。

对海岛的保护和利用

中国拥有很多海岛，是世界上海岛最多的国家之一。在 300 万平方千米的管辖海域中，分布着成千上万个岛屿，其中面积大于 500 平方米的海岛就有 6900 多个。中国海岛保护利用政策的主要目的是保障国家利益、国防安全和生态安全，保护和改善海岛及其周边海域生态系统，实现海岛及其周边海域生态系统保护和海岛经济社会协调发展。中国海岛保护利用坚持五项原则，即坚持科学规划，保护优先；坚持统筹兼顾，分类管理；坚持维护权益，保障安全；坚持科技支撑，创新发展；坚持全面推进，重点突出。在国民经济和社会发展的基础上，至 2020 年，海岛保护利用力争实现海岛生态保护显著增强、海岛开发秩序逐步规范、海岛人居环境明显改善、特殊用途海岛保护力度增强的目标。为便于政策的实施，中国对岛屿进行了区域和类别的划分。

四个一级保护区

中国将海岛分为黄渤海区、东海区、南海区和港澳台区等四个一级保护区（见表）。

中国海岛一级保护区表

一级保护区	子区	海岛概况
黄渤海区	1. 长山群岛及辽东沿岸区	共有海岛 194 个，其中有居民海岛 28 个，无居民海岛 166 个
	2. 渤海区	共有海岛 271 个，其中有居民海岛 8 个，无居民海岛 263 个
	3. 庙岛群岛区	共有海岛 32 个，其中有居民海岛 10 个，无居民海岛 22 个
	4. 环山东半岛区	共有海岛 210 个，其中有居民海岛 20 个，无居民海岛 190 个
	5. 江苏沿岸及辐射沙洲区	共有海岛 15 个，其中有居民海岛 4 个，无居民海岛 11 个
东海区	6. 长江口—杭州湾区	共有海岛 74 个，其中有居民海岛 4 个，无居民海岛 70 个
	7. 舟山群岛区	共有海岛 1258 个，其中有居民海岛 139 个，无居民海岛 1119 个
	8. 浙江中南区	共有海岛 1559 个，其中有居民海岛 99 个，无居民海岛 1460 个
	9. 福建沿岸区	共有海岛 1374 个，其中有居民海岛 101 个，无居民海岛 1273 个
南海区	10. 广东东区	共有海岛 322 个，其中有居民海岛 12 个，无居民海岛 310 个
	11. 珠江口区	共有海岛 185 个，其中有居民海岛 14 个，无居民海岛 171 个
	12. 广东西区	共有海岛 252 个，其中有居民海岛 18 个，无居民海岛 234 个
	13. 广西北部湾区	共有海岛 651 个，其中有居民海岛 11 个，无居民海岛 640 个
	14. 海南岛区	共有海岛 181 个，其中有居民海岛 12 个，无居民海岛 169 个
	15. 西沙群岛区	共有 30 多个岛礁
	16. 中、南沙群岛区	略
港澳台区	略	略

差别化保护和利用

对于不同类型的海岛，中国分别实行不同的保护利用政策。

（1）严格保护特殊用途海岛。特殊用途海岛是指具有特殊用途或者重要保护价值的海岛，主要包括领海基点所在海岛、国防用途海岛、海洋自然保护区内的海岛和有居民海岛的特殊用途区域等。对于特殊用途海岛，实施严格保护的政策，严格保护领海基点海岛，推进海岛保护区的建设，积极保护国防用途海岛，加强保护有居民海岛特殊用途区域，任何单位和个人不得擅自开发利用特殊用途海岛。

（2）加强有居民海岛生态保护。对于有居民海岛加强生态保护，保护有居民海岛沙滩、植被、淡水、珍稀动植物及其栖息地，防治海岛污染，优化开发利用方式，改善海岛人居环境。

（3）适度利用无居民海岛。对于无居民海岛，实施保护优先，适度利用的政策。无居民海岛又可分为旅游娱乐用岛、交通运输用岛、工业用岛、仓储用岛、渔业用岛、农林牧业用岛、可再生能源用岛、城乡建设用岛、公共服务用岛和保留类岛屿，按照无居民海岛的主要用途，分别提出保护利用总体要求。

《海岛保护法》

《海岛保护法》是中国海岛开发保护政策的法律体现，为海岛开发保护政策的执行奠定了重要的法律基础。《海岛保护法》共有六章五十八条。《海岛保护法》设置了海岛保护规划制度、海岛生态保护制度、无居民海岛权属制度、特殊用途海岛保护制度和监督检查制度等五项海岛保护利用制度。为了执行海岛开发与保护政策，贯彻落实《海岛保护法》，国家海洋局会同有关部门先后颁布了《海岛名称管理办法》、《无居民海岛使用金征收使用管理办法》及《省级海岛保护规划编制管理办法》等重要的配套制度（详见表），从

《海岛保护法》配套制度列表	
类别	文件名称
开发与保护	《关于公布无居民海岛使用论证资质单位名单的通知》
	《关于印发无居民海岛使用申请书等格式的通知》
	《关于成立国家无居民海岛使用项目第一届专家评审委员会的通知》
	《关于开展海域海岛海岸带整治修复保护工作的若干意见》
	《无居民海岛开发利用具体方案编制办法》
	《关于尽快公布第一批开发利用无居民海岛名录的通知》
	《关于无居民海岛使用项目评审工作的若干意见》
	《关于无居民海岛使用项目审理工作的意见》
	《关于公布无居民海岛使用论证资质单位名单的通知》
有偿使用	《无居民海岛使用金征收使用管理办法》
海岛规划	《省级海岛保护规划编制管理办法》
	《关于成立全国海岛保护规划委员会及专家审查委员会的通知》
	《关于公布海岛保护规划编制技术单位推荐名录的通知》
登记管理	《无居民海岛使用权登记办法》
	《无居民海岛使用权证书管理办法》
名称管理	《海岛名称管理办法》
	《海岛界定与数量统计方法》

海岛开发与保护、海岛的有偿使用、海岛规划、海岛的登记管理以及海岛的名称管理等方面为海岛开发保护提供了更为完善的政策和法律依据。

海岛保护规划制度是指导海岛保护与利用的基本依据。按照统一规划、保护优先、可持续利用的原则，建立了由国家、省域、县域海岛保护规划，直辖市、地级市、县、镇海岛保护专项规划和可利用无居民海岛保护和利用规划构成的国家海岛保护体系。

海岛生态保护制度统筹协调海岛的保护与利用，对有居民海岛和无居民海岛的保护采取不同的保护措施。无居民海岛权属制度厘清了长久以来无居民海岛权属不清的问题，无居民海岛属于国家所有，国务院代表国家行使所有权。

特殊用途海岛保护制度对领海基点海岛、国防用途海岛和海洋自然保护区内的海岛等具有特殊用途或者特殊保护价值的海岛，实行比普通海岛更加严格的保护制度，以保护特殊的生态系统，保障国防安全和国家政治、经济利益。

监督检查制度分别针对有居民海岛和无居民海岛的监督检查作出了具体规定。县级以上人民政府有关部门依法对有居民海岛保护和开发、建设进行监督检查。海洋主管部门依法对无居民海岛保护和合理利用情况以及海岛周边海域生态系统保护情况进行监督检查。

《海岛名称管理办法》的主要目的是加强对海岛名称的管理，适应海岛开发、建设、保护与管理的需要。根据该办法，国家海洋局负责全国海岛名称管理，沿海县级以上人民政府海洋主管部门负责管辖区域内海岛名称管理。同时该办法还明确了海岛名称管理，包括海岛命名、更名、名称注销、名称登记、名称发布与使用、名称标志设置等有关工作。沿海县级以上人民政府海洋主管部门应当对海岛名称及其标志建立档案管理和地名信息数据库系统，提供公共查询服务。该办法还规定，群岛、列岛、低潮高地、暗礁、暗沙、人工岛名称和海域地名比照该办法管理。

为全面加强无居民海岛的保护，进一步规范无居民海岛开发与使用，国家海洋局作为主管部门建立了一系列规章制度。2010年10月20日，国家海洋局印发了《关于尽快公布第一批开发利用无居民海岛名录的通知》。2011年4月20日，国家海洋局印发了《无居民海岛使用申请审批试行办法》，进一步规范了无居民海岛使用申请审批工作。

该《办法》规定，无居民海岛开发利用具体方案中含有建筑工程的用岛，最高使用期限为五十年；其他类型的用岛可根据使用实际需要的期限确定，但最高使用期限不得超过三十年。国家实行无居民海岛有偿使用制度，无居民海岛使用权出让实行最低价限制制度，对于无居民海岛使用金的征收，则依据《无居民海岛使用金征收使用管理办法》执行。

全面的海洋公益服务

海洋公益服务主要是指海洋主管部门为认识海洋环境，减轻和预防海洋灾害，保障海上活动安全而向社会提供的公共服务。经过几十年的发展，中国在海洋公益服务方面取得了长足的进步，基本满足了中国海洋防灾减灾、海洋经济发展和国防安全等重大需求。在减灾预报管理体系上，初步建立了由国家海洋环境预报中心、海区预报中心和地方各级海洋预报机构相结合的海洋预报工作体系。在硬件设施上，初步建立了岸站、浮标、潜标、船舶、飞机、卫星、

中国最南端的地级市气象局——三沙市气象局

雷达等多种手段相结合的立体海洋观测网。近几年来，除传统观测项目外，二氧化碳、咸潮入侵和海岸侵蚀观测等项目也被纳入海洋站观测内容，为应对气候变化和海平面上升提供了基础数据，各种海洋要素的观测能力有了显著增强。

海洋预报

2014 年第 9 号超强台风"威马逊" 7 月 18 日 15 时 30 分从中国海南省文昌市翁田镇沿海登陆，登陆时中心附近最大风力有 17 级 (60 米 / 秒)。

海南省政府发布，截至 7 月 20 日，海南省有 18 个市县 216 个乡镇（街道）受灾，受灾人口 325.8 万人，受灾农作物面积 162.97 千公顷，倒塌房屋 23163 间，直接经济损失 108.28 亿元，其中农林牧渔业损失 44.6 亿元、工业交通运输业损失 8.7 亿元、水利设施损失 3.69 亿元。

截至 20 日下午 3 时，市政市容系统共清理道路倾倒树木 2 万多棵，3200 多车次；市环卫出动 17330 人次 620 车次，清运垃圾5455 吨。市区城管部门组织 1000 多人，与园林、环卫工人、部队官兵一起，共同参与道路清障工作。

中国一向认为，提高海洋灾害预防和应对能力，最大程度减少海洋灾害造成的损失，保障人民生命和财产安全，是促进中国家社会和经济全面、协调、可持续发展的重要保障。

在已有海洋立体观测网的基础上，中国将继续加强六个方面海洋预报与减灾的能力建设：

（1）海洋灾害风险区的综合观测能力；

（2）全球大洋、深远海及海上重要通道海洋环境数值预报能力建设；

（3）中国重大海洋经济区的海洋灾害精细化预报保障能力；

（4）海洋灾害的风险管理能力；

（5）气候变化下海洋灾害的应对能力；

（6）海洋预警报公共服务能力。

观测预报

2012年6月1日，《海洋观测预报管理条例》（以下简称《条例》）正式施行，标志着中国的海洋观测预报事业从此进入了法制化轨道。《条例》确立了加强海洋观测预报管理的重要制度：

（1）建立了海洋观测网统一规划制度；

（2）建立了海洋观测站（点）及其设施和海洋观测环境保护制度；

（3）建立了海上船舶、平台志愿观测制度；

（4）建立了海洋观测资料统一汇交、共享和无偿提供制度；

（5）建立了涉外海洋观测活动和对外提供属于国家秘密的海洋观测资料和成果的审批制度。

众多渔船返回渔港避浪。

灾害预防和应对能力

2012 年 7 月 12 日，中国国家海洋局发布《风暴潮、海浪、海啸和海冰灾害应急预案》（以下简称《应急预案》），对中国管辖海域的风暴潮、海浪、海啸和海冰灾害的应急观测、预警、预防工作，规定了国家海洋局和沿海各省（自治区、直辖市）海洋部门承担风暴潮、海浪、海啸和海冰应急任务的相关部门和机构分工以及职责，建立了风暴潮、海浪、海啸和海冰灾害四级应急响应标准、响应程序、信息发布及组织管理，为应对海洋灾害提供了政策和制度保障。

积极参与国际海洋事务合作

当前，处理国际海洋事务的国际机构主要是以联合国系统为中心的众多机构和国际组织、海洋区域性组织以及国际和区域性的海洋项目/计划等，重要依据则是以《公约》为核心的国际海洋法制度。以联合国系统为中心的众多海洋或涉海机构的作用主要表现在国际海洋法律制度的构建、发展及执行等。国际或区域性海洋组织则是各国阐述其海洋政策和主张、开展海洋合作、施展国家影响和协调海洋立场的重要平台。这些机构在构建国际海洋法律制度、规范沿海国的海洋权利和义务等方面发挥了重要作用。

2014 年 8 月 28 日，亚太经济合作组织（APEC）第四届海洋部长会议在厦门举行。

在联合国系统内，直接参与国际海洋事务并发挥重要作用的机构包括联合国大会、联合国秘书长、联合国海洋事务和海洋法司、《公约》缔约国会议等。联合国还依据《公约》设立了三个专门机构：国际海底管理局、国际海洋法法庭和大陆架界限委员会。联合国系统中还有包括联合国粮食及农业组织、国际海事组织、联合国教育科学及文化组织等一些机构和组织，在不同程度上涉及相关海洋事务的组织和协调工作。除联合国系统外，一些区域和地区性的海洋组织在国际海洋事务及其相关的法律框架建设中也发挥了重要作用。

中国一直致力于加强与世界各国在海洋领域的合作与交流，积极参与《公约》及其框架下和国际组织的海洋事务合作，积极开展海洋领域的国际合作，为维护国际海洋秩序作出了重要的贡献。

致力《公约》及相关海洋事务

第三次联合国海洋法会议期间，中国积极参与了《公约》的制定，维护广大发展中国家的利益，推动建立公平合理的国际海洋秩序，是国际海洋法律制度的建设者和维护者。

中国目前为国际海底管理局理事会 A 组成员，积极参加国际海底资源探矿和勘探规章的制定并发挥重要作用，支持管理局开展的培训工作。中国大洋协会与韩国、德国、国际海洋金属联合组织等建立了良好的合作关系。中国支持国际海洋法法庭在和平解决海洋争端、维护国际海洋秩序方面发挥重要作用。

2010 年中国政府就"区域"内活动担保国责任与义务问题向法庭提交了书面意见。中国支持大陆架界限委员会严格按照《公约》及议事规则履行职责。中国分别于 1996 年和 2010 年联合主办了第 24 届和第 33 届世界海洋和平大会，促进了各国和平利用和保护海洋，对海洋的可持续利用作出了贡献。

倡导和推动地区海洋事务合作

2013 年 10 月 13 日，在中国国务院总理李克强和越南总理阮晋勇见证下，中国与越南签署了《中华人民共和国国家海洋局与越南社会主义共和国自然资源与环境部关于开展北部湾海洋及岛屿环境综合管理合作研究的协议》。

《协议》规定，双方将开展北部湾湾口内海洋环境管理及科学研究合作，增强对北部湾海域海洋环境与生态状况的了解，提高海洋环境的管理水平，为北部湾海洋环境与生态保护及应对污染事故提供参考和技术支撑。双方将通过合作研究、举办学术研讨会以及交流培训等方式，加强在海洋生态保护方法等领域的合作与交流，开展环境管理示范区建设，同时向两国民众普及海洋环境保护知识，提高公众海洋环保意识，更好地保护北部湾的环境与生态。

中国坚持以邻为伴、与邻为善、睦邻友好的方针，积极发展与

2008 年 7 月，中国海事执法船抵达中越北部湾分界线中国一侧海域执行海区巡航任务，中国海事局执法人员在中越北部湾分界线中方一侧海域展示五星红旗和中国海事局旗。

海上邻国的友好合作关系。2007 年中韩签署了《海上搜寻救助合作协定》，标志着中韩两国进入海上搜救全面合作的新阶段。中国与印尼海洋领域合作稳步推进，在海洋科学研究、环境保护、应对气候变化、防灾减灾等方面取得了显著成果。2007 年签署了《关于海洋领域合作的谅解备忘录》，正式启动了两国之间的海洋科技合作，2011 年双方又对原备忘录进行了重新修订。2010 年共同成立了海洋与气候联合研究中心，2012 年又将其升格为国家级研究中心，启动了一系列的研究项目。中国与越南成立了中越海上低敏感领域合作专家工作组，为进一步的海上合作奠定了基础。

2009 年 6 月，中国与马来西亚签署了《政府间海洋科技合作协议》，为两国海洋合作奠定了基础。2011 年，中国与泰国签署《关于海洋领域合作的谅解备忘录》，两国海洋领域合作进入了新阶段。2002 年，中国与东盟国家签署了《南海各方行为宣言》，并积极务实推进海洋领域的合作，共同维护南海的和平、稳定与繁荣，维护南海的航行自由与航行安全。

2011 年 7 月 20 日，中国与东盟国家达成《落实〈南海各方行为宣言〉指导方针》，为推动落实《南海各方行为宣言》进程、推进南海务实合作铺平了道路。

2011 年中国为推动海上务实合作，倡议并设立了 30 亿元的中国—东盟海上合作基金，推进海洋科研与环保、互联互通、航行安全与搜救、打击跨国犯罪等领域合作。

中国重视亚太地区的海洋事务合作，2011 年 11 月成立了APEC 海洋可持续发展中心，为区域的海洋管理、技术交流与合作提供重要平台，促进了管理经验和专业知识的传递和共享。

在多边海洋合作中发挥重要作用

中国是世界政府间海委会的重要成员，积极参与全球海洋观测系统、海洋学业务化等各种海洋事务合作。积极参与政府间海委会西太分委会（IOC/WESTPAC）框架下多边国际合作活动，发起和参与地区海洋事务合作项目。成立了世界气象组织、政府间海委会亚太区域海洋仪器检测与评价中心和海洋与气候培训教育中心，承诺承建南中国海区域海啸与减灾系统。

在全球和区域海洋环境评估（GRAME）机制下，推进形成东亚海的海洋环境定期评价机制，致力于支持南海及周边国家在海洋环境科学、监测和评价等方面的能力建设。在全球环境基金（GEF）框架下，参与黄海大海洋系项目，实施南海生物多样性管理项目。中国还积极支持东亚海环境管理伙伴计划（PEMSEA），推进海岸带综合管理的示范区和相关网络建设。中国积极参与全球海洋观测系统（GOOS）、气候变化与可预测性研究（CLIVAR）、海洋生物地球化学和生态系统集成研究（IMBER）、国际海洋古全球

2014年5月，中国"大洋一号"科学考察船完成第30航次科考任务返回母港青岛。这是自2012年中国大洋协会与国际海底局签署协议后，在西南印度洋区域的首个勘探航次。

气候变化（IMAGES）、大洋综合钻探（IODP）、国际大陆边缘（Inter-Margin）和国际大洋中脊（Inter-Ridge）等一系列国际科学计划，为全球海洋科学研究做出了贡献。

建设有中国特色的海洋强国

中国共产党的十八大报告，从战略高度对海洋事业发展做出了全面部署，明确指出要"建设海洋强国"。

中共中央总书记习近平在中共中央政治局关于建设海洋强国的讨论会上强调，建设海洋强国是中国特色社会主义事业的重要组成部分。实施"建设海洋强国"这一重大部署，对推动经济持续健康发展，对维护国家主权、安全、发展利益，对实现全面建成小康社会目标、进而实现中华民族伟大复兴都具有重大而深远的意义。抓

上海江南造船厂

住机遇，进一步关心海洋、认识海洋、经略海洋，走出一条符合世界发展潮流和中国特色的海洋强国之路成为一项紧迫的战略任务。

"海洋强国"既是国家凭借海洋自然地理条件和物质基础、通过合理开发利用和保护海洋来实现国家富强、海洋环境安全，又是指发展强大的海上综合力量、能够利用海洋获得相应的海洋利益，从而使国家更强大，人民更富足，在国际海洋事务中，发挥更大和更积极的作用。

中国的安全与发展需要走向海洋，既要开发利用海洋来实现国家富强，又要通过发展强大的海洋力量来保障国家安全和利益。同时，世界也需要中国成为海洋强国，成为发展和维护世界海洋和平与发展的决定性力量之一。

营造"和谐海洋"

世界各国海洋战略的核心，都是为了从海洋中获得更多的国家利益。但不同的时代背景、不同的国家制度所选择的海洋强国之路是不同的。西方的海洋强国多以马汉的"海权论"为理论基础，以发展海上武装力量为中心，取得制海权，控制海洋和控制世界。在当前和平与发展的时代背景下，中国建设海洋强国要有自己的理论基础和发展模式。

营造"和谐海洋"的理论体系是以"和谐"的内涵为理论基础的文化体系，是创建和谐社会与建设和谐世界的前提条件。中国拥有和谐文化的优良传统，"和谐"是中国传统文化的精髓，包括宽容大度、协和万邦精神等。新形势下，中国已确立了建设"和谐世界"的战略思想，努力寻求基于和平的多种途径和手段，维护世界和平。建设和谐海洋是建设持久和平、共同繁荣的和谐世界的重要组成部分，是世界各国人民的美好愿望和共同追求。

2012 年 12 月，中国常驻联合国代表在第 67 届联合国大会审议"海洋和海洋法"议题时发言，呼吁构建和维护和谐海洋秩序。

从和平走向和平

中国是爱好和平的国家，2011 年《中国的和平发展》白皮书明确指出，中国要坚持和平发展道路，要打破"国强必霸"发展模式。

2012 年中国共产党十八大报告对和平发展做出了进一步的阐述："和平发展是中国特色社会主义的必然选择。要坚持开放的发展、合作的发展、共赢的发展，通过争取和平国际环境发展自己，又以自身发展维护和促进世界和平，扩大同各方利益汇合点，推动建设持久和平、共同繁荣的和谐世界"。

"和平发展"已经上升为中国的国家意志，成为新时期国家发展的大政方针。2013 年 4 月，中国政府发布了《中国武装力量的多样化运用》，这是十八大后中国公布的第一个国防白皮书。国防白皮书开篇明意，"走和平发展道路，是中国坚定不移的国家意志和战略抉择"，这为创设和平建设中国特色海洋强国的新模式提供了重要的指导思想。我们应坚持和平发展方针政策，以科学发展观为指导思想，以促进中华民族复兴为根本目的，统筹国内国际两个大局，坚持陆海统筹、平衡发展、人海和谐，合作共赢四项基本原则，精心寻求与世界海洋国家的利益交汇点，努力破解冲突和遏制，建设海洋经济发达、海洋科技先进、海洋生态健康，海洋安全稳定、海洋管控有力的新型的"强而不霸"的海洋强国，实现依海富国，以海强国，谋求公平合理的海洋利益。

中国的国家之音

2014年7月4日，在韩国访问的中国国家主席习近平向数百名韩国国立首尔大学师生作了演讲，题为《共创中韩合作未来，同襄亚洲振兴繁荣》。

习近平说，他这次来韩国，是"到邻居家串串门"。他说，"百金买屋，千金买邻，好邻居金不换。回顾历史，中韩友好佳话俯拾皆是：从东渡求仙来到济州岛的徐福，到金身坐化九华山的新罗王

韩国集装箱轮在位于山东青岛黄岛新区境内的青岛港冒雨装载外贸集装箱。

子金乔觉；从在唐朝求学为官的"东国儒宗"崔致远，到东渡高丽、开创孔子后裔半岛一脉的孔绍；从在中国各地辗转 27 年的韩国独立元勋金九先生，到出生于韩国的《中国人民解放军军歌》作曲者郑律成……两国人民友好交往、相扶相济的传统源远流长。

1992 年中韩建交以来，中国已经成为韩国最大贸易伙伴、最大出口市场、最大进口来源国、最大海外投资对象国、最大留学生来源国、最大海外旅行目的地国。韩国成为中国最重要的贸易和投资合作伙伴之一。2013 年，中韩人员往来达 822 万人次，不出两年就有望迎来年度人员往来 1000 万人次。

世界与中国的和弦

2009 年法国著名纪录片大师雅克贝汉导演了一部以环保为主题的纪录片《海洋》，通过影片促进人们对濒危海洋世界的保护。维护世界和平，当下确实是世界各国尤其是负责任大国的共同志向。从中国领导人倡导的"推动建设持久和平、共同繁荣的和谐世界"的理念与原则为世界所唱和，就可以看到全世界的人心所向。

2014 年 7 月 9 日，美国国务卿克里在中国首都北京参加一年一度的两国高端会谈时表示，美国并不寻求遏制中国，美国欢迎一个和平稳定的中国，希望中国能够对地区稳定作出贡献，并扮演负责任的角色。路透社报道说，克里认为，两国之间尽管存在分歧，但双方有能力找到共同点。中国建设海洋强国会对地区稳定和世界和平做出重要贡献。

2014 年新年之际，美国总统奥巴马没有发表新年祝词。据报道，12 月 31 日，他先在度假屋附近一座军事基地里健身一小时，然后与妻子米歇尔、女儿马莉娅和萨莎前往瓦胡岛哈瑙马湾玩潜水，接着光顾一家商店买刨冰，是他最爱的樱桃、柠檬、酸橙混合口味。他向围在店外的民众恭贺新年："祝大家有一个美好的 2014 年。"

美丽的渤海湾

度假，潜水，吃刨冰，向商店外的民众恭贺新年、祝愿美好，这当然是一幅有着深刻寓意的和平的情景。

当和平的理念为全世界各国的领导人和人民所坚守并在陆地和海洋上被坚定地执行时，我们就已经用自己的行为证明着，我们所拥有的因为有海洋而美丽与和谐的世界正朝着正确的方向前进。

结束语

21 世纪是人类海洋世纪。作为世界上人口最多、生存与发展的任务最艰巨、经济发展速度最快、被世界赋予越来越多责任的大国，中国必须在海洋上伸展自己的身躯。

自 20 世纪 70 年代末中国改革开放以来，经过 30 多年的努力，中国海洋科学技术取得重大突破，海洋资源开发能力持续提升，海洋法律法规体系逐步完善，维护海洋权益能力明显增强，海洋综合管理能力不断提高，我们正面临着建设海洋强国的战略机遇期。

在我们这个星球上，世界各个国家和它们的经济和发展都不是孤立的，在不同的程度上，我们都是所有事件的参与者和结果的接受者。这不以某一个国家单一的意志为转移。

海洋是世界的，也是中国的；是当下中国和世界的，更是中国和世界的后世代的。所以，中国已经制定和完善并且正在践行的，是一条和平、发展、合作、共赢和惠及子孙后代的海洋发展之路。

中国历史年代简表

旧石器时代	约 170 万年前—1 万年前
新石器时代	约 1 万年前—4000 年前
夏	约公元前 2070 年—公元前 1600 年
商	公元前 1600 年—公元前 1046 年
西周	公元前 1046 年—公元前 771 年
春秋	公元前 770 年—公元前 476 年
战国	公元前 475 年—公元前 221 年
秦	公元前 221 年—公元前 206 年
西汉	公元前 206 年—公元 25 年
东汉	公元 25 年—公元 220 年
三国	公元 220 年—公元 280 年
西晋	公元 265 年—公元 317 年
东晋	公元 317 年—公元 420 年
南北朝	公元 420 年—公元 589 年
隋	公元 581 年—公元 618 年
唐	公元 618 年—公元 907 年
五代	公元 907 年—公元 960 年
北宋	公元 960 年—公元 1127 年
南宋	公元 1127 年—公元 1279 年
元	公元 1206 年—公元 1368 年
明	公元 1368 年—公元 1644 年
清	公元 1616 年—公元 1911 年
中华民国	公元 1912 年—公元 1949 年
中华人民共和国	公元 1949 年成立